城市地下综合管廊规划设计与安全运维技术研究

中国市政工程西南设计研究总院有限公司　编著

赵远清　主编

中国建筑工业出版社

图书在版编目（CIP）数据

城市地下综合管廊规划设计与安全运维技术研究 / 中国市政工程西南设计研究总院有限公司编著；赵远清主编 . —北京：中国建筑工业出版社，2022.4

ISBN 978-7-112-27336-2

Ⅰ. ①城… Ⅱ. ①中… ②赵… Ⅲ. ①市政工程—地下管道—管道工程 Ⅳ. ① TU990.3

中国版本图书馆 CIP 数据核字（2022）第 066546 号

责任编辑：田立平　牛　松
责任校对：芦欣甜

城市地下综合管廊规划设计与安全运维技术研究
中国市政工程西南设计研究总院有限公司　编著
赵远清　主编
*
中国建筑工业出版社出版、发行（北京海淀三里河路 9 号）
各地新华书店、建筑书店经销
北京点击世代文化传媒有限公司制版
北京中科印刷有限公司印刷
*
开本：787 毫米 ×1092 毫米　1/16　印张：10¾　字数：187 千字
2022 年 5 月第一版　2022 年 5 月第一次印刷
定价：**47.00** 元
ISBN 978-7-112-27336-2
（39135）

《城市地下综合管廊规划设计与安全运维技术研究》
编 制 组

主　　　编： 赵远清

编制组成员： 赵忠富　林雪斌　祝年虎　李雨阳　谢秩明

顾鲍超　冯　伟　柳　华　夏　峰　陈昌学

刘刚宁　王雪原　陈　洵　黄慎勇　李林洋

周艳莉　邓　娟　胡江龙　陈攀杰　郭　灏

邓红军

前 言

综合管廊是指建于城市地下用于容纳两类及以上城市工程管线的构筑物及附属设施。综合管廊在我国有“共同沟、综合管廊、共同管道”等多种称谓，在日本称为“共同沟”，在我国台湾地区称为“共同管道”，在欧美等国家多称为“Urban Municipal Tunnel”。给水、雨水、污水、再生水、天然气、热力、电力、通信等城市生命线工程管线均可纳入综合管廊。综合管廊实质是指按照统一规划、设计、施工和维护原则，建于城市地下用于敷设城市工程管线的市政公用设施。

我国正处在城镇化快速发展时期，地下基础设施建设滞后。推进城市地下综合管廊建设，统筹各类市政管线规划、建设和管理，解决反复开挖路面、架空线网密集、管线事故频发等问题，有利于保障城市安全、完善城市功能、美化城市景观、促进城市集约高效和转型发展，有利于提高城市综合承载能力和城镇化发展质量，有利于增加公共产品有效投资，打造经济发展新动力。

本书为中华人民共和国科技部“十三五”国家重点研发计划——“城市市政管网运行安全保障技术研究 /2016YFC0802400”中课题任务“综合管廊的规划、设计、施工、运维标准体系研究”（2016YFC0802405-01）的研究成果，共包含 3 个部分：（1）城市综合管廊规划建设和运行维护标准体系；（2）城市综合管廊给水排水设计技术指南；（3）城市综合管廊规划、设计、施工、运维信息模型共享技术指南。3 个部分的主要内容如下：

1. 第 1 部分“城市综合管廊规划建设和运行维护标准体系”

综合管廊目前缺乏系统的规划建设和运行维护标准，综合管廊内部管线施工也缺乏独立、统一的标准。系统梳理城市综合管廊规划建设和运行维护的标准体系具有现实的必要性。为了解决这个问题，本课题开展了“城市综合管廊规划建设和运行维护标准体系”研究，主要研究内容如下：

（1）标准体系层级划分

通过城市综合管廊规划建设和运行维护标准体系现状分析及层级划分技术研究，形成了标准体系框架结构，竖向原则上分为基础标准、通用标准和专用标准3个层次。

（2）标准项目的生成技术

进行综合管廊规划建设和运行维护标准项目的内容识别技术、覆盖范围界定技术和特征属性确定方法研究，总结标准体系中标准的种类、各标准包含的技术内容。

（3）标准体系的建立方法

研究综合管廊规划建设和运行维护标准体系涵盖的专业门类，以及标准的对应关系，建立完成综合管廊规划建设和运行维护标准体系。

（4）标准项目重要度分级

通过研究综合管廊规划建设和运行维护标准体系内标准项目的分级原则，确定标准体系内标准项目的分级方法，对综合管廊规划建设和运行维护标准体系内标准项目进行重要等级分解，确定各标准的重要等级。

本标准体系的内容可以在我国综合管廊规划建设和运行维护标准与一般的地下工程及市政管线工程标准之间建立沟通的桥梁，在我国综合管廊规划建设和运行维护标准与市政管线工程标准之间建立内在的协调，建立一个分类科学、结构优化、数量合理的综合管廊规划建设和运行维护标准体系，避免标准之间的矛盾、重复或疏漏，确保标准编制工作的秩序，实现科学管理。标准体系可以在今后一定时期内指引综合管廊规划建设和运行维护标准的编制与发展，引导和规范综合管廊规划建设和运行维护的技术研发，提高我国城市综合管廊建设水平。

2. 第2部分"城市综合管廊给水排水设计技术指南"

经广泛收集国内外综合管廊工程给水排水设计资料，分析国内城市地下综合管廊给水排水设计技术现状，认真总结综合管廊给水排水管线设计实践经验基础上，参阅了相关国家规范、行业标准和类似技术指南，提出了综合管廊工程给水排水设计方法和原则，包括污水管道拦蓄盾冲洗、真空排水等新技术。指南的主要内容包括：总则、术语、基本规定、设计依据及资料、执行规范、给水、再生水管道设计、排水管渠设计、管廊内部排水系统设计、工程案例等内容。

指南可以指导纳入综合管廊内的城市给水管道、再生水管道、排水管渠及管廊内部排水系统的设计，为国家编制有关城市综合管廊技术标准积累素材。

3. 第3部分"城市综合管廊规划、设计、施工、运维信息模型共享技术指南"

标准和规则的统一是信息模型共享的基础，也是信息模型共享广泛应用必不可少的保障。“城市综合管廊规划、设计、施工、运维信息模型共享技术指南”力求统一综合管廊项目规划、设计、施工、运维全过程不同阶段的信息共享标准和规则。经过广泛调查研究，认真总结实践经验，参考有关国际和国内先进的相关标准和制度，从基本规定、资源要求、建模标准、各阶段实施内容和要求、信息传递标准几个方面提出了综合管廊信息共享的执行规则。指南的主要技术内容包括：总则、术语、基本规定、资源要求、建模标准、各阶段实施内容和要求、传递标准，并附有工程案例。

本书中3个部分从几个方面提出了城市地下综合管廊规划、设计、施工、运维的技术理念和实现方法，为城市地下综合管廊的建设和发展起到积极的推动作用。

目 录

第1部分 城市综合管廊规划建设和运行维护标准体系

第2部分 城市综合管廊给水排水设计技术指南

第3部分 城市综合管廊规划、设计、施工、运维信息模型共享技术指南

第1部分

城市综合管廊规划建设和运行维护标准体系

1 综 述

1.1 现行标准关键技术的适用性

1.1.1 国内外标准现状及对比研究

随着我国城市综合管廊建设的发展，建设领域标准化工作越来越受到社会的广泛关注。建设综合管廊，标准化先行。但截至目前，大部分行业标准和国家标准主要为市政工程通用的建设标准，专门针对综合管廊规划建设和运行维护的标准屈指可数，标准体系尚未建立。因此，组织开展对综合管廊规划建设和运行维护标准体系的编制成为必然。

国外发达国家对标准化的重视较早，经过多年的摸索，标准体系基本适应工程建设的需要。欧美发达国家工程标准体系由政府与民间紧密合作，以民间团体制定的标准为主导构成，包括少数基础性的国家标准、强制性标准和大量的民间团体标准。比如美国建设领域的标准由美国建设工程领域权威的非营利学术性团体——美国土木工程学会和大量经过认可的专业学术团体及工业协会参与到标准化工作中，利用其专业化的优势制定了权威性的建设工程标准，从而加强建设工程的行业标准体系的完备性。

但就综合管廊方面，虽然国外发达国家建设发展较早，针对性的标准规范却很少。日本的规划设计体系比较完善，1963 年，日本颁布《关于共同沟建设的特别措施法》《共同沟实施令》和《共同沟法实施细则》，并在1991 年成立专门的地下综合管廊管理部门，负责推动地下管廊的建设工作。1986 年 3 月由日本道路协会颁布了《共同沟设计指南》，让共同沟的规划设计有了行业标准。该指南包括 7 部分内容，分别是：规划设计、地质勘察、主体结构设计、抗震设计、临设构筑物设计、附属设备设计、卷末资料。该指南详细规定了共同沟规划设计过程中的尺寸、覆土、平面及纵断线型；勘察过程中的一般要求；主体结构物设计的一般要求、计算原则和结构细节；抗震设计的一般要求以及设计条件；临时结构物如挡土墙、止水连续墙、边坡防护墙等的设计要求以及附属设备如排水、给水、换气、照明设备的设计要求。该指南基本覆盖了共同沟的整个规划、设计、施工过程，但在预制装配技术、非明挖技术等方面，仍需特定的专项规范对其补充。此外，该标准体系中未包含专门的综合管廊运营管理技术规程。

所以从世界范围看，需要建立一个涵盖综合管廊规划建设和运行维护领域的标准体系，以利于综合管廊的建设和发展。

与此相比，目前我国虽然发布了一些指导意见，如《关于加强城市地下管线建设管理的指导意见》《关于推进城市地下管廊建设的指导意见》等，但在综合管廊的设计、施工、管理、运营等方面还没有完整的法律法规作为规范和指导，相关的行业标准也较缺乏。

2015年，住房和城乡建设部发布国家标准《城市综合管廊工程技术规范》GB 50838—2015，该规范涵盖了综合管廊规划、设计、施工、验收等内容，可作为大纲性的标准指导管廊建设各阶段工作。

综合管廊建设区别于一般地下工程（地铁隧道）及市政管线工程，缺乏设计、施工及验收和运维的规范、标准，综合管廊内部管线施工缺乏独立、统一的标准。相关部门已出台相关文件以完善城市综合管廊标准体系建设，以推动我国综合管廊的健康发展。

1.1.2　城市综合管廊建设标准专属性研究

由于综合管廊内部管线施工缺乏独立、统一的标准。例如，国家层面尚未出台面向城市地下综合管廊工程的消防审批标准规范。目前入廊管线主要是供水、供热、电力、通信、中水、污水等，各种管线入廊的要求并不一致，尤其是燃气、雨水等管线入廊，还需要突破一些标准规范上的障碍。因此，重点研究并提出综合管廊专属的规划建设和运行维护标准很有必要。

1.1.3　关键技术标准技术适用性研究

现行技术标准在适用性上存在一些不足，拟制定的综合管廊规划建设和运行维护标准的技术水平应与国家科技、生产、工艺、管理水平相适应，这将对现实相关产业和技术进步有显著的拉动和引领作用。

1.2　标准体系层级划分及框架建立

1.2.1　制定标准体系目的、作用和指导思想

标准体系是使标准结构合理、标准数量合理、减少矛盾和重复、以最小的资源投入获得最大标准化效果的指导性文件。体系的编制应有利于促进城

市综合管廊建设的发展，有利于标准的管理，有利于促进新技术、新产品、新材料、新方法的推广应用。纳入标准体系的标准，将成为指导今后一定时期内有关城市综合管廊建设标准编制、修订立项以及标准的科学管理的基本依据。

编制标准体系的指导原则是，以系统分析的方法，使一定专业范围内的标准按主从关系形成一个科学的、开放的有机整体，做到结构优化、数量合理、层次清晰、分类明确、协调配套。

1.2.2 标准体系的适用范围、确定标准项目的原则

1. 标准体系的适用范围

本标准体系的适用范围为城市综合管廊建设。

2. 制定标准体系的原则

（1）标准项目设立重点考虑城市综合管廊专属的，以及与综合管廊建设相关的标准。我国已经颁布了一些综合管廊建设标准，比如《城市综合管廊工程技术规范》GB 50838—2015，但指导综合管廊建设的标准还严重不足，影响了综合管廊的建设和发展。本书作为综合管廊建设标准体系应考虑体系的整体性，为此有必要研究综合管廊建设急需的标准，以便进行丰富和完善。

（2）体系表中的列项是按照“以最小的资源投入获得最大的标准化效果”的指导原则，注重工程实际需要，适应技术发展，兼顾标准现状，力求满足体系的合理性要求。

（3）标准项目设立应重点考虑涉及管廊建设的节能、环保、安全、卫生标准；3～5年内能够完成的标准项目。

（4）选择标准项目应着重突出综合管廊建设特点。

（5）应覆盖范围广，保持相对完整性，各项标准在体系中的位置明确。

（6）标准项目暂不区分国家标准与行业标准以及标准的强制性与推荐性，便于实际操作。

1.2.3 体系结构

1. 标准体系框图层级划分

竖向原则上分为基础标准、通用标准和专用标准3个层次。层次表示标准间的主从关系，上层标准的内容是下层标准内容的共性提升。框图中的专业门类原则上按学科专业划分。

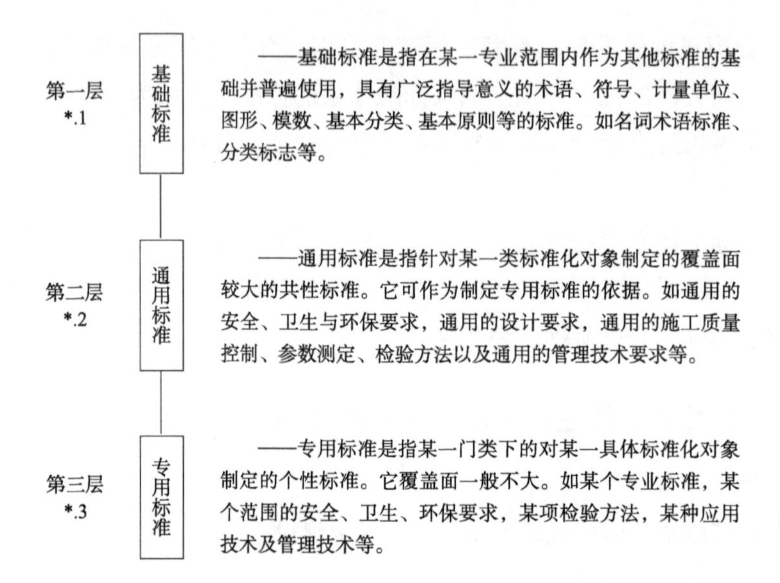

2. 标准体系表的表达

（1）标准体系表的内容

标准体系表包括标准的体系分类编码、标准序号、标准项目名称、标准体系编码、现行标准编号、标准状态、重要等级 7 个栏目。其中标准状态分为“现行、制定中、修订中、待编”4 个状态；重要等级分为“一（非常重要，使用范围广）、二（重要，使用范围较广）、三（一般，使用范围较窄）”3 个级别。

体系表的表达形式见表 1-1。

标准体系表　　**表 1–1**

体系分类编码	标准序号	标准项目名称	标准体系编码	现行标准编号	标准状态	重要等级

（2）标准体系编码说明

标准体系号由标准体系部分编号、专业类别号、标准层次号、专业分类号和标准序号组成，并以符号“·”分隔，分标准不赋予单独的标准体系号，如图 1-1 所示。

其中第 1 位编码按标准类别分为四类，见表 1-2；第 2 位编码按基础标准、通用标准、专用标准分别以 1、2、3 进行分类排序，写在体系序号中。

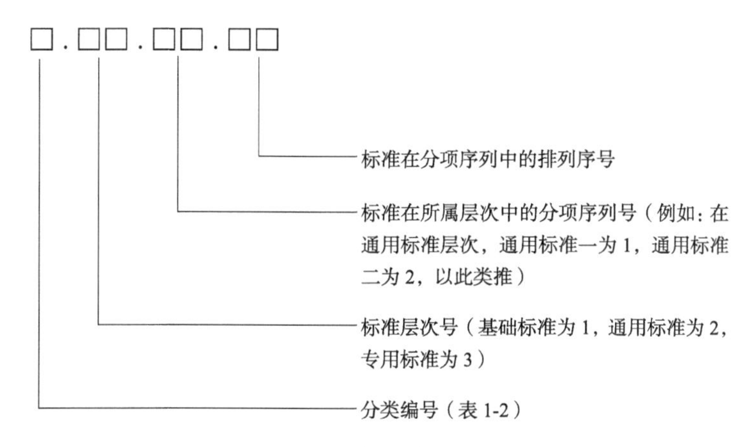

图 1–1　标准体系编码说明

标准类别编号　　**表 1–2**

标准类别	分类编号
规划	1
设计	2
施工	3
运行维护	4

1.3　标准体系内标准项目的生成技术

1.3.1　标准体系内标准内容识别技术

综合管廊建设标准涵盖专业较多，涉及基础设施建设过程中的众多方面，包括规划、设计、施工、验收、运行维护等方面。

通过强化标准名与内容的相关性来提高标准内容识别度，比如《城市综合管廊抗震设计规范》《城市综合管廊通信工程施工及验收规范》等标准，标准名与内容有很强的相关性，有助于标准制定计划、起草、征求意见、审查审定、标准验证批准和发布。

1.3.2　标准体系内标准覆盖范围界定技术

综合管廊建设标准为用于城市综合管廊建设的专属标准，主要针对综合管廊建设过程中规划、设计、施工、验收、运行维护等方面，各标准间的独立性较强，众多集群构成了基础设施的质量形态。

本标准体系由术语等基础标准、安全及方法等通用标准、具体建设对象的专用标准组成。基础标准是指在某一专业范围内作为其他标准的基础并可普遍使用，包括具有广泛指导意义的术语、符号、计量单位、图形、模数、基本分类、基本原则等的标准。

通用标准是指某一专业领域或某一门类的通用技术标准，如“通用规范”或“技术条件”。它可作为制定专业标准的依据。如通用的安全、卫生与环保要求，通用的设计要求，通用的施工质量控制、参数测定、检验方法以及通用的管理技术要求等。

专用标准是具体建设对象的个性化标准，它覆盖面一般不大。如某个专业标准，某个范围的安全、卫生、环保要求，某项检验方法，某种应用技术及管理技术等。

1.4　标准体系内标准重要等级分级方法

标准重要等级特性由标准的适用范围、涵盖内容及现状需求所决定，并影响标准的适用性，是标准传递给行业管理部门和从业技术人员的技术要求和信息。它包含范围、内容、功能、需求、方法及执行政府有关法规和标准情况等。

本标准体系内标准重要等级分为三级，分别为一级（非常重要）、二级（重要）、三级（一般）。重要等级分级主要从以下6个角度，按重要度权重依次递减评价：

（1）适用范围；

（2）涵盖内容；

（3）目的；

（4）功能；

（5）需求；

（6）方法。

1.5　标准项目说明

标准项目说明包括标准的标准体系代码、标准名称、标准适用范围及主要内容说明。

本标准体系中编写标准项目说明的范围：本书作为城市综合管廊建设标准体系，应考虑体系的整体性，为此列入体系的标准主要分为现行标准和待

编标准两大类，鉴于现行标准的内容在标准中可以完整地了解，不必再重复编写标准项目说明，因此，本标准体系各类标准项目说明仅针对待编标准，为今后标准的编制提供参考。

1.6 标准数量汇总

标准数量汇总具体见表 1-3。

标准数量汇总表 **表 1-3**

序号	分类名称	现行	在编	待编	分类合计
1	规划类	15	0	5	20
2	设计类	94	6	9	109
3	施工类	41	0	11	52
4	运行维护类	14	0	13	27
合计		164	6	38	208

2 规划类

2.1 概述

在综合管廊的规划实施过程中，要求做到科学规划、适度超前，以适应城市发展的需要。对于不同的管线容量，应根据当前的实际需求，结合城市开发的规划及经济发展、人民生活水平提高的情况，预测到将来的容量。

当前我国城市管廊建设还存在缺乏城市区域规划、地下空间整体规划，部分项目只有局部孤立的短期规划及为大为全的管线入廊规划，牵头管理部门不明确，前后工作不连续等一些问题，因此编制综合管廊规划的标准体系具有较大的现实意义。

2.1.1 国内外综合管廊规划技术发展简况

随着综合管廊建设的逐步开展，国内的规划标准体系逐步完善。为了规范和指导城市地下综合管廊工程规划编制工作，提高规划的科学性，避免盲目、无序建设，住房和城乡建设部于2015年就发布了《关于印发〈城市地下综合管廊工程规划编制指引〉的通知》（建城〔2015〕70号）。各地市在管廊建设中应严格按照《城市地下综合管廊工程规划编制指引》编制管廊规划；立足本城市实际情况和总体发展规划，考虑长远、适度开发、逐次建设；综合考虑周边环境情况，考虑立体式、综合式的规划设计原则；明确统一牵头单位，保持总规、详规、建设计划、可行性研究等工作的连续性。随着近些年管廊大规模的建设及运营经验的逐步积累，管廊规划逐步完善，逐步具备可操作性。

2.1.2 国内外综合管廊规划技术标准现状及发展趋势

规划中相当重要的是准确地预测管线的未来需求量使地下综合管廊在规划寿命期内能满足服务区域内的管线需求，在推定未来需求量时，应该充分考虑社会经济发展的动向、城市的特性和发展的趋势。国外在这方面已经有

相当成熟的经验。

国外只有日本编制了一本《共同沟设计规程》，其中包含了综合管廊规划方面内容，规定了平面、纵断，以及与周边建（构）筑物的相互关系。其他大多数国家主要参照其他相关技术标准来规范综合管廊的建设，缺乏针对性、适用性和科学的规划技术标准。

在我国，住房和城乡建设部已先后组织编制了《城乡建设用地竖向规划规范》CJJ 83—2016、《城市规划制图标准》CJJ/T 97—2003、《城市工程管线综合规划规范》GB 50289—2016 等，针对市政道路管线规划技术方面的技术标准已经相当完善。但对于城市综合管廊而言，还需要编制一些专项规划规程，如《城市综合管廊工程规划规范》《城市综合管廊工程廊内管线规划规程》等。

2.1.3 综合管廊规划标准体系编制方向

综合管廊规划标准体系编制的主要方向是：一是将多个原管线类标准纳入到本体系中；二是针对综合管廊规划的特殊性，编制特定的规划标准；三是加入近年来新出现的综合管廊工程廊内管线规划等内容。

2.1.4 综合管廊规划标准体系

按照"城市综合管廊规划建设和运行维护标准体系"编制的指导思想，体系框架依据"最小的资源投入获得最大标准化效果"的指导原则，进行综合管廊规划标准体系的编制。

标准体系的建立可有效促进建设技术标准化的发展，促进技术进步，提高标准化管理水平，确保标准编制工作的秩序，减少标准之间的重复与矛盾，减少标准时间存在不协调、不配套、组成不合理等问题。

本体系框架分为三个层次，分别为基础标准、通用标准、专用标准。第一层基础标准分术语、分类、制图、标志等标准；第二层通用标准和第三层专用标准主要针对综合管廊规划的实际情况。

2.2　规划类标准体系框图

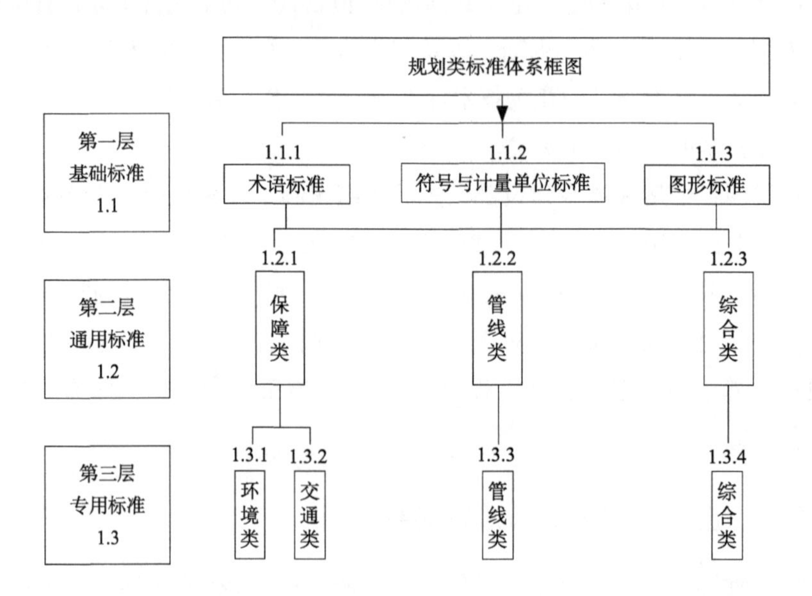

2.3　标准体系表

城市综合管廊规划建设和运行维护标准体系表

规划类标准体系表

体系分类编号	标准序号	标准项目名称	标准体系编号	标准编号	标准状态	重要等级
1.1		基础标准				
1.1.1		术语标准				
	1	城市规划基本术语标准	1.1.1.1	GB/T 50280—98	现行	三
	2	城市综合管廊工程规划术语标准	1.1.1.2		待编	三
1.1.2		符号与计量单位标准				
	3	城市综合管廊工程符号和计量单位	1.1.2.1		待编	三
1.1.3		图形标准				
	4	城市规划制图标准	1.1.3.1	CJJ/T 97—2003	现行	二
	5	城市综合管廊工程标识标志标准	1.1.3.2		待编	二
1.2		通用标准				
1.2.1		保障类				
	6	城市抗震防灾规划标准	1.2.1.1	GB 50413—2007	现行	一
	7	防洪标准	1.2.1.2	GB 50201—2014	现行	一

续表

体系分类编号	标准序号	标准项目名称	标准体系编号	标准编号	标准状态	重要等级
1.2.2		管线类				
	8	城市工程管线综合规划规范	1.2.2.1	GB 50289—2016	现行	一
1.2.3		综合类				
	9	城市用地竖向规划规范	1.2.3.1	CJJ 83—2016	现行	二
	10	城市综合管廊工程规划规范	1.2.3.2		待编	一
1.3		专用标准				
1.3.1		环境类				
	11	城市园林绿化规划设计规范	1.3.1.1		现行	二
	12	城市环境卫生设施规划标准	1.3.1.2	GB/T 50337—2018	现行	二
1.3.2		交通类				
	13	城市综合交通体系规划标准	1.3.2.1	GB/T 51328—2018	现行	二
1.3.3		管线类				
	14	城市给水工程规划规范	1.3.3.1	GB 50282—2016	现行	二
	15	城市排水工程规划规范	1.3.3.2	GB 50318—2017	现行	二
	16	城市电力规划规范	1.3.3.3	GB 50293—2014	现行	二
	17	城市通信工程规划规范	1.3.3.4	GB/T 50853—2013	现行	二
	18	城镇燃气规划规范	1.3.3.5	GB/T 51098—2015	现行	二
	19	城市供热规划规范	1.3.3.6	GB/T 51074—2015	现行	二
1.3.4		综合类				
	20	城市综合管廊工程廊内管线规划规程	1.3.4.1		待编	二

2.4 标准项目说明

1.1 基础标准

1.1.1 术语标准

1.1.1.2 城市综合管廊工程规划术语标准

本标准为规范城市综合管廊工程中的规划、设计用术语制定。标准主要内容为：规定城市综合管廊工程规划各种术语的分类、定义和解释，避免规划建设中术语使用混乱，含义不清等问题。

1.1.2　符号与计量单位标准

1.1.2.1　城市综合管廊工程符号和计量单位

本标准为规范城市综合管廊工程中使用的符号和计量单位制定。标准内容为：规定城市综合管廊工程中各种符号和计量单位的分类、定义和解释，避免规划建设中符号和计量单位使用混乱，含义不清等问题。

1.1.3　图形标准

1.1.3.2　城市综合管廊工程标识标志标准

本标准为规范城市综合管廊工程中的标识标志制定。标准主要内容为：总则，标识，标志，规定城市综合管廊工中标识标志的分类、定义和解释，以及标识标志的图样，避免工程建设中标识标志使用混乱，不易辨识等问题。

1.2　通用标准

1.2.3　综合类

1.2.3.2　城市综合管廊工程规划规范

综合管廊建设必须规划先行，本标准为规范综合管廊建设的规划编制而制定。标准主要内容为：总则，术语，基本规定，与城市其他建设规划的协调，综合管廊建设数量和规模确定，纳入管线种类和要求，以及保障城市综合管廊安全的技术要求等。

1.3　专用标准

1.3.4　综合类

1.3.4.1　城市综合管廊工程廊内管线规划规程

本规程为规范综合管廊入廊管线的规划编制而制定。标准主要内容为：总则，术语，基本规定，与城市其他专项规划的协调，入廊管线种类和要求，入廊管线数量和规模，以及保障综合管廊安全的技术要求等。

3　设计类

3.1　概述

地下综合管廊的设计在国外发达国家都有相关的设计规范，已形成比较成熟的技术，但目前国内相关规范还不完善，在实践中都是借鉴国外的技术。由于在管线特性、施工技术、材料性能以及地质条件等方面各个国家之间都存在差异，因此在设计上还应按照中国的现状特点，研究制定相关设计规范以实现对中国地下综合管廊设计的标准化管理。

3.1.1　国内外综合管廊设计技术发展简况

随着综合管廊建设的逐步开展，国内的设计标准体系逐步完善，其中《城市综合管廊工程技术规范》GB 50838—2015 涵盖规划、设计、施工、验收等内容，可作为大纲性的标准指导管廊建设各阶段工作。

综合管廊建设区别于一般地下工程（地铁隧道）及市政管线工程，缺乏设计、施工及验收和运维的规范、标准，综合管廊内部管线施工缺乏独立、统一的标准。相关部门已出台相关文件以完善城市综合管廊标准体系建设，以推动我国综合管廊的健康发展。

近年来，BIM 等新兴技术逐渐应用于综合管廊的设计，运用 BIM 技术对综合管廊进行建模工作，以三维视角提供更为直观的方案展示，便于各参与方理解设计意图，并有效地将各专业的信息汇聚在一起，分析方案的合理性。同时因 BIM 的分析功能，方便设计师进行碰撞检查，将错误及时进行反馈、调整，保证了设计图纸的质量。

此外，编制基于综合管廊标准化的通用图也是近年来综合管廊设计方面大力发展的方向之一，这可以大幅降低设计单位的工作量，节约设计周期，提高设计图纸质量。

3.1.2　国内外综合管廊设计技术标准现状及发展趋势

国外只有日本编制了一本《共同沟设计规程》，其中包含较多的综合管廊设计方面内容，规定了断面尺寸、结构设计、附属设备设计等内容，内容比较丰富。其他大多数国家主要参照其他相关技术标准来规范综合管廊的建设，缺乏针对性、适用性和科学的综合管廊设计技术标准。

我国内地对于综合管廊的建设和设计起步较晚，在综合管廊建设的法律体制方面，虽做了一定的努力，并制定了《城市地下空间开发利用管理规定》《城市道路设计规划》等一些与综合管廊建设相关的规范性文件，也有如《杭州市城市地下管线建设和管理条例（草案）》等一些地方性的指导规范，但在设计上，相关具体的设计理念和权威的设计规范方面尚处于起步阶段，欠缺行业上规范统一的设计标准。大多数设计只是参照相近的技术标准，并经常采用其他规范来进行综合管廊的设计，或者依据别人的建设经验进行设计。这样就出现这种情况：各地在建和已经建好的综合管廊，往往都是设计单位依据单位内部或者地方性的建设规范，结合设计经验来完成综合管廊的设计和建设任务，并没有一个完整的理论体系和统一的指导意见。这在一定程度上影响了我国综合管廊往高质量、低成本方向发展。

3.1.3 综合管廊设计标准体系编制方向

综合管廊设计标准体系编制的主要方向是：一是将多个原管线类标准纳入本体系中；二是针对综合管廊设计的特殊性，编制特定的设计标准；三是加入近年来新出现的综合管廊BIM设计方面的内容。

3.1.4 综合管廊设计标准体系

按照“城市综合管廊规划建设和运行维护标准体系”编制的指导思想，体系框架依据“最小的资源投入获得最大标准化效果”的指导原则，进行综合管廊设计标准体系的编制。

标准体系的建立可有效促进建设技术标准化的发展，促进技术进步，提高标准化管理水平，确保标准编制工作的秩序，减少标准之间的重复与矛盾，减少标准时间存在不协调、不配套、组成不合理等问题。

本体系框架分为三个层次，分别为基础标准、通用标准、专用标准。第一层基础标准分术语、分类、制图、标志等标准；第二层通用标准和第三层专用标准主要针对综合管廊设计的实际情况。

3.2 设计类标准体系框图

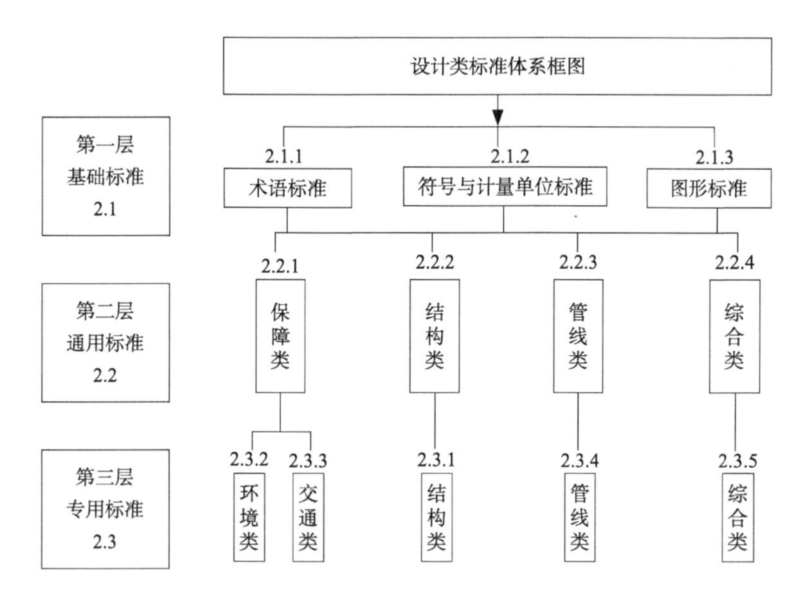

3.3 标准体系表

城市综合管廊规划建设和运行维护标准体系表						
设计类标准体系表						
体系分类编号	标准序号	标准项目名称	标准体系编号	标准编号	标准状态	重要等级
2.1		基础标准				
2.1.1		术语标准				
	1	城市综合管廊工程设计术语标准	2.1.1.1		待编	三
	2	工程结构设计基本术语和通用符号	2.1.1.2	GBJ 132—90	现行	三
	3	工程抗震术语标准	2.1.1.3	JGJ/T 97—2011	现行	三
	4	岩土工程基本术语标准	2.1.1.4	GB/T 50279—2014	现行	三
	5	风景园林本术语标准	2.1.1.5	CJJ/T 91—2017	现行	三
	6	城市公共交通工程术语标准	2.1.1.6	CJJ/T 119—2008	现行	三
	7	道路工程术语标准	2.1.1.7	GBJ 124—1988	现行	三
	8	给水排水工程基本术语标准	2.1.1.8	GB/T 50125—2010	现行	三
	9	城镇燃气工程基本术语标准	2.1.1.9	GB/T 50680—2012	现行	三
	10	供暖通风与空气调节术语标准	2.1.1.10	GB 50155—2015	现行	三
	11	供热术语标准	2.1.1.11	CJJ/T 55—2011	现行	三
	12	电力工程基本术语标准	2.1.1.12	GB/T 50297—2018	现行	三

续表

体系分类编号	标准序号	标准项目名称	标准体系编号	标准编号	标准状态	重要等级
	13	电子工程建设术语标准	2.1.1.13	GB/T 50780—2013	现行	三
2.1.2		符号与计量单位标准				
	14	城市综合管廊工程符号和计量单位	2.1.2.1		待编	三
	15	建筑采暖通风空调净化设备计量单位及符号	2.1.2.3	GB/T 16732—1997	现行	三
2.1.3		图形标准				
	16	总图制图标准	2.1.3.1	GB/T 50103—2010	现行	二
	17	城市综合管廊工程标识标志标准	2.1.3.2		待编	二
	18	建筑结构制图标准	2.1.3.3	GB/T 50105—2010	现行	二
	19	风景园林标志标准	2.1.3.4	CJJ/T 171—2012	现行	三
	20	风景园林制图标准	2.1.3.5	CJJ/T 67—2015	现行	二
	21	道路工程制图标准	2.1.3.6	GB 50162—1992	现行	二
	22	城镇燃气工程制图标准	2.1.3.7	CJJ/T 130—2009	现行	二
	23	城镇燃气标志标准	2.1.2.8	CJJ/T 153—2010	现行	二
	24	暖通空调制图标准	2.1.3.9	GB/T 50114—2010	现行	二
	25	供热工程制图标准	2.1.3.10	CJJ/T 78—2010	现行	二
	26	建筑电气制图标准	2.1.3.11	GB/T 50786—2012	现行	二
	27	电力工程制图标准	2.1.3.12	DL/T 5028.1 ~ 4—2015	现行	二
2.2		通用标准				
2.2.1		保障类				
	28	建筑设计防火规范（2018 年版）	2.2.1.1	GB 50016—2014	现行	一
	29	建筑工程抗震设防分类标准	2.2.1.2	GB 50223—2008	现行	一
	30	生命线工程地震破坏等级划分	2.2.1.3	GB/T 24336—2009	现行	二
	31	工程场地地震安全性评价	2.2.1.4	GB 17741—2005	现行	二
	32	城市防洪工程设计规范	2.2.1.5	GB/T 50805—2012	现行	一
	33	消防应急照明和疏散指示系统技术标准	2.2.1.6	GB 51309—2018	现行	一
	34	干粉灭火系统设计规范	2.2.1.7	GB 50347—2004	现行	一
	35	超细干粉灭火剂	2.2.1.8	XF 578—2005	现行	一
	36	干粉灭火装置技术规程	2.2.1.9	CECS 322：2012	现行	一
	37	火灾自动报警系统设计规范	2.2.1.10	GB 50116—2013	现行	一
	38	建筑灭火器配置设计规范	2.2.1.11	GB 50140—2005	现行	一
	39	爆炸危险环境电力装置设计规范	2.2.1.12	GB 50058—2014	现行	一
2.2.2		结构类				
	40	工程结构通用规范	2.2.2.1	GB 55001—2021	现行	

续表

体系分类编号	标准序号	标准项目名称	标准体系编号	标准编号	标准状态	重要等级
	41	混凝土结构通用规范	2.2.2.2	GB 55008—2021	现行	
	42	建筑与市政工程抗震通用规范	2.2.2.3	GB 55002—2021	现行	
	43	工程结构可靠性设计统一标准	2.2.2.4	GB 50153—2008	现行	一
	44	中国地震动参数区划图	2.2.2.5	GB 18306—2015	现行	一
	45	建筑抗震设计规范（2016 年版）	2.2.2.6	GB 50011—2010	现行	一
	46	室外给水排水和燃气热力工程抗震设计规范	2.2.2.7	GB 50032—2003	现行	一
	47	构筑物抗震设计规范	2.2.2.8	GB 50191—2012	现行	二
	48	城市综合管廊抗震设计规范	2.2.2.9		在编	一
2.2.3		管线类				
	49	建筑机电工程抗震设计规范	2.2.3.1	GB 50981—2014	现行	一
2.2.4		综合类				
	50	城市综合管廊工程技术规范	2.2.4.1	GB 50838—2015	现行	二
	51	城市综合管廊智慧建设技术规范	2.2.4.2		待编	一
2.3		专用标准				
2.3.1		结构类				
	52	建筑结构荷载规范	2.3.1.1	GB 50009—2012	现行	一
	53	砌体结构设计规范	2.3.1.2	GB 50003—2011	现行	二
	54	混凝土结构设计规范（2015 年版）	2.3.1.3	GB 50010—2010	现行	二
	55	钢结构设计标准	2.3.1.4	GB 50017—2017	现行	二
	56	给水排水工程构筑物结构设计规范	2.3.1.5	GB 50069—2002	现行	二
	57	给水排水工程管道结构设计规范	2.3.1.6	GB 50332—2002	现行	二
	58	建筑地基处理技术规程	2.3.1.7	JGJ 79—2012	现行	二
	59	建筑基坑支护技术规程	2.3.1.8	JGJ 120—2012	现行	二
	60	地下工程防水技术规范	2.3.1.9	GB 50108—2008	现行	二
	61	混凝土结构耐久性设计标准	2.3.1.10	GB/T 50476—2019	现行	二
	62	城市综合管廊结构设计规范	2.3.1.11		待编	一
2.3.2		环境类				
	63	城市绿地设计规范（2016 年版）	2.3.2.1	GB 50420—2007	现行	二
2.3.3		交通类				
	64	城市道路工程设计规范（2016 年版）	2.3.3.1	CJJ 37—2012	现行	二
	65	城市桥梁设计规范（2019 年版）	2.3.3.2	CJJ 11—2011	现行	二
2.3.4		管线类				
	66	室外给水设计标准	2.3.4.1	GB 50013—2018	现行	二
	67	室外排水设计标准	2.3.4.2	GB 50014—2021	现行	二

续表

体系分类编号	标准序号	标准项目名称	标准体系编号	标准编号	标准状态	重要等级
	68	城镇给水排水技术规范	2.3.4.3	GB 50788—2012	现行	一
	69	城市综合管廊给水排水设计技术规程	2.3.4.4		待编	一
	70	燃气工程项目规范	2.3.4.5	GB 55009—2021	现行	二
	71	城镇燃气输配工程设计规范	2.3.4.6		在编	一
	72	工业建筑供暖通风与空气调节设计规范	2.3.4.7	GB 50019—2015	现行	二
	73	民用建筑供暖通风与空气调节设计规范	2.3.4.8	GB 50736—2012	现行	二
	74	城市综合管廊通风设计技术规程	2.3.4.9		待编	一
	75	城镇供热管网设计规范	2.3.4.10	CJJ 34—2010	现行	二
	76	城市综合管廊供热管线设计技术规程	2.3.4.11		待编	一
	77	电力工程电缆设计标准	2.3.4.12	GB 50217—2018	现行	二
	78	电力设施抗震设计规范	2.3.4.13	GB 50260—2013	现行	二
	79	通信管道与通道工程设计标准	2.3.4.14	GB 50373—2019	现行	二
	80	城市电力电缆线路设计技术规定	2.3.4.15	DL/T 5221—2016	现行	二
	81	3～110kV 高压配电装置设计规范	2.3.4.16	GB 50060—2008	现行	二
	82	20kV 及以下变电所设计规范	2.3.4.17	GB 50053—2013	现行	二
	83	供配电系统设计规范	2.3.4.18	GB 50052—2009	现行	二
	84	低压配电设计规范	2.3.4.19	GB 50054—2011	现行	二
	85	通用用电设备配电设计规范	2.3.4.20	GB 50055—2011	现行	二
	86	电力装置的继电保护和自动装置设计规范	2.3.4.21	GB/T 50062—2008	现行	二
	87	电力装置电测量仪表装置设计规范	2.3.4.22	GB/T 50063—2017	现行	二
	88	交流电气装置的接地设计规范	2.3.4.23	GB/T 50065—2011	现行	二
	89	民用建筑电气设计标准	2.3.4.24	GB 51348—2019	现行	二
	90	爆炸危险环境电力装置设计规范	2.3.4.25	GB 50058—2014	现行	一
	91	建筑照明设计标准	2.3.4.26	GB 50034—2013	现行	二
	92	建筑物防雷设计规范	2.3.4.27	GB 50057—2010	现行	一
	93	自动化仪表工程施工及验收规范	2.3.4.28	GB 50093—2013	现行	二
	94	工业电视系统工程设计标准	2.3.4.29	GB 50115—2019	现行	二
	95	入侵报警系统工程设计规范	2.3.4.30	GB 50394—2007	现行	二
	96	视频安防监控系统工程设计规范	2.3.4.31	GB 50395—2007	现行	二
	97	出入口控制系统工程设计规范	2.3.4.32	GB 50396—2007	现行	二

续表

体系分类编号	标准序号	标准项目名称	标准体系编号	标准编号	标准状态	重要等级
	98	视频显示系统工程技术规范	2.3.4.33	GB 50464—2008	现行	二
	99	导（防）静电地面设计规范	2.3.4.34	GB 50515—2010	现行	二
	100	通信线路工程设计规范	2.3.4.35	GB 51158—2015	现行	二
	101	智能建筑设计标准	2.3.4.36	GB/T 50314—2015	现行	二
	102	城市消防远程监控系统技术规范	2.3.4.37	GB 50440—2007	现行	二
	103	城市市政综合监管信息系统技术规范	2.3.4.38	CJJ/T 106—2010	现行	二
	104	城镇综合管廊监控与报警系统工程技术规程	2.3.4.39	GB/T 51274—2017	现行	二
	105	城市综合管廊电气设计技术规程	2.3.4.40		待编	二
	106	城市综合管廊设计防火技术规程	2.3.4.41		在编	二
	107	城市综合管廊人防技术标准	2.3.4.42		在编	二
2.3.5		综合类				
	108	预制装配式综合管廊工程技术规程	2.3.5.1		在编	二
	109	装配式钢结构综合管廊工程技术规程	2.3.5.2		在编	二

3.4 标准项目说明

2.1 基础标准

2.1.1 术语标准

2.1.1.1 城市综合管廊工程设计术语标准

本标准为规范城市综合管廊工程中的设计用术语制定。标准主要内容为：规定城市综合管廊工程规划各种术语的分类、定义和解释，避免规划建设中术语使用混乱，含义不清等问题。

2.2 通用标准

2.2.4 综合类

2.2.4.2 城市综合管廊智慧建设技术规范

本规范为规范和完善综合管廊的智能化设计而制定，结合智慧城市建设规划，规定综合管廊智能化涉及的建设标准、内容和要求。标准主要内容为：总则，术语和符号，材料，基本设计规定，智能化设计，以及保障城市综合管廊智能化的其他技术要求等。

2.3　专用标准

2.3.1　结构类

2.3.1.11　城市综合管廊结构设计规范

本规范为规范和完善综合管廊的结构设计而制定。标准主要内容为：总则，术语和符号，材料，结构上的作用，基本设计规定，构造要求，以及保障城市综合管廊结构安全的其他技术要求等。

2.3.4　管线类

2.3.4.4　城市综合管廊给水排水设计技术规程

本规程为规范综合管廊给水排水设计而制定。标准主要内容为：总则，术语和符号，基本规定，给水、再生水管道设计，排水管渠设计，管线附属设施设计等。

2.3.4.9　城市综合管廊通风设计技术规程

本规程为规范城市综合管廊通风工程的设计、施工及验收，做到技术先进、经济合理、安全适用和保证工程质量而制定。主要内容为：总则，术语和符号，设计，设备与材料，施工与要求，调试运转，检验及验收等。

2.3.4.11　城市综合管廊供热管线设计技术规程

本规程为规范城市综合管廊内供热管线的设计、施工及验收，做到技术先进、经济合理、安全适用和保证工程质量而制定。主要内容为：总则，术语和符号，设计，设备与材料，施工与要求，调试运转、检验及验收等。

2.3.4.40　城市综合管廊电气设计技术规程

本规程为优化管廊电力、通信通道的合理设置，同时优化综合管廊供配电设计方案，使管廊断面布置合理、供电方案功能完善、经济合理、配电可靠和安装运行方便而制定。主要内容为：总则，术语，基本规定，电力通道设计，通信通道设计，电缆出舱口设计，节点设计，供配电设计，施工及验收，系统维护等。

4 施工类

4.1 概述

地下综合管廊的本体工程施工一般有明挖现浇法、明挖预制拼装法、盾构、顶管等，而从国内已建的地下综合管廊工程来看，多以明挖现浇法为主，因为该施工成本较低，虽然其对环境影响较大，但在新城区建设初期采取此工法障碍较小，具有明显的技术经济优势。今后随着地下综合管廊建设的推广，施工工法也会趋于多样化，地下综合管廊与其他地下设施的相互影响也会加大，对施工控制也会逐渐提高要求，因此研究相关技术以及制定相应的技术标准体系，已成为了当务之急。

4.1.1 国内外综合管廊施工技术发展简况

目前管廊较多采用明挖现浇法，但这种方法存在弊端，如对周边环境影响大、消耗大量周转材料或临时材料、人力成本高等。而预制拼装施工技术尚未得到普遍认可，特殊节点的处理对整体移动模架和预制拼装施工而言较为困难。

建设开发灵活方便、成本低的整体移动模架（滑模）技术，研发特殊节点预制的可行性及节点现浇周边预制节段的连接技术，推广应用预制拼装技术，切实做到快速方便的绿色施工。

综合管廊预制拼装技术是国际综合管廊发展趋势之一，大幅降低施工成本，提高施工质量，节约施工工期。综合管廊标准化、模块化是推广预制拼装技术的重要前提之一，预制拼装施工成本的幅度取决于建设管廊的规模长度，而标准化可以使预制拼装模板等装备的使用范围不局限于单一工程，从而降低摊销成本，有效促进预制拼装技术的推广应用。

4.1.2 国内外综合管廊施工技术标准现状及发展趋势

国外只有日本编制了一本《共同沟设计规程》，其中基本没有关于综合管廊施工方面内容。大多数国家主要参照其他相关技术标准来规范综合管廊的施工建设，缺乏针对性、适用性和科学的综合管廊施工技术标准。

当前国内在结构、管线方面已经有较为成熟的施工技术标准体系，但针对综合管廊的《城市综合管廊工程施工及验收规范》尚未出台，且综合管廊内管线的施工及验收规范也较为欠缺，需进一步完善。

4.1.3 综合管廊施工标准体系编制方向

综合管廊施工标准体系编制的主要方向是：一是将多个原管线类标准纳入本体系中；二是针对综合管廊施工方面的特殊性，编制特定专属的施工验收标准；三是加入近年来新出现的综合管廊预制拼装方面的内容。

4.1.4 综合管廊施工标准体系

按照“城市综合管廊规划建设和运行维护标准体系”编制的指导思想，体系框架依据“最小的资源投入获得最大标准化效果”的指导原则，进行综合管廊施工类标准体系的编制。

标准体系的建立可有效促进建设技术标准化的发展，促进技术进步，提高标准化管理水平，确保标准编制工作的秩序，减少标准之间的重复与矛盾，减少标准时间存在不协调、不配套、组成不合理等问题。

本体系框架分为三个层次，分别为基础标准、通用标准、专用标准。第一层基础标准分术语、分类、制图、标志等标准；第二层通用标准和第三层专用标准主要针对综合管廊设计的实际情况。

4.2 施工类标准体系框图

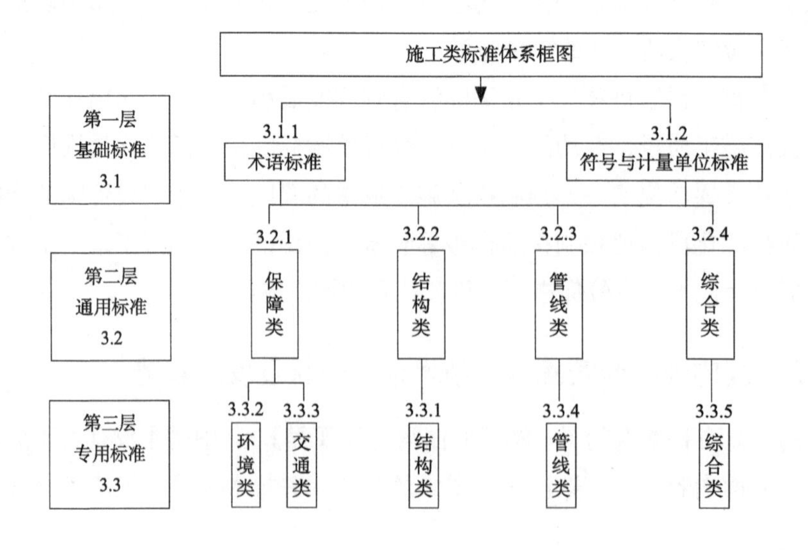

4.3 标准体系表

城市综合管廊规划建设和运行维护标准体系表

施工类标准体系表

体系分类编号	标准序号	标准项目名称	标准体系编号	标准编号	标准状态	重要等级
3.1		基础标准				
3.1.1		术语标准				
	1	综合管廊工程施工术语标准	3.1.1.1		待编	三
	2	城市综合管廊工程施工术语标准	3.1.1.2		待编	三
3.1.2		符号与计量单位标准				
	3	工程施工现场标志标牌实施标准	3.1.2.1		待编	三
3.2		通用标准				
3.2.1		保障类				
	4	火灾自动报警系统施工及验收标准	3.2.1.1	GB 50166—2019	现行	一
3.2.2		结构类				
	5	混凝土结构工程施工规范	3.2.2.1	GB 50666—2011	现行	一
	6	钢结构工程施工规范	3.2.2.2	GB 50755—2012	现行	一
	7	混凝土结构工程施工质量验收规范	3.2.2.3	GB 50204—2015	现行	一
	8	建筑地基基础工程施工规范	3.2.2.4	GB 51004—2015	现行	一
	9	建筑地基基础工程施工质量验收规范	3.2.2.5	GB 50202—2018	现行	二
	10	城市综合管廊防水工程技术规程	3.2.2.6	T/CECS 562—2018	现行	二
	11	火灾自动报警系统施工验收标准	3.2.2.7	GB 50166—2019	现行	
	12	建筑边坡工程技术规范	3.2.2.8	GB 50330—2013	现行	
3.2.3		管线类				
	13	给水排水管道工程施工及验收规范	3.2.3.1	GB 50268—2008	现行	一
	14	城镇燃气输配工程施工及验收规范	3.2.3.2	CJJ 33—2005	现行	一
	15	城镇供热管网工程施工及验收规范	3.2.3.3	CJJ 28—2014	现行	
	16	通风与空调工程施工质量验收规范	3.2.3.4	GB 50243—2016	现行	
	17	通风与空调工程施工规范	3.2.3.5	GB 50738—2011	现行	
	18	电气装置安装工程 电缆线路施工及验收标准	3.2.3.6	GB 50168—2018	现行	二
	19	通信管道工程施工及验收标准	3.2.3.7	GB 50374—2018	现行	二
3.3		专用标准				
3.3.1		结构类				
	20	城市综合管廊施工及验收规程	3.3.1.1	T/CECS 895—2021	现行	一
	21	给水排水构筑物工程施工及验收规范	3.3.1.2	GB 50141—2008	现行	

续表

体系分类编号	标准序号	标准项目名称	标准体系编号	标准编号	标准状态	重要等级
	22	补偿收缩混凝土应用技术规程	3.3.1.3	JGJ/T 178—2009	现行	二
	23	建筑深基坑工程施工安全技术规范	3.3.1.4	JGJ 311—2013	现行	二
	24	地下工程防水技术规范	3.3.1.5	GB 50108—2008	现行	二
	25	地下防水工程质量验收规范	3.3.1.6	GB 50208—2011	现行	二
3.3.2		环境类				
	26	城市园林绿化技术操作规程	3.3.2.1		待编	二
	27	声环境质量标准	3.3.2.2	GB 3096—2008	现行	
	28	环境空气质量标准	3.3.2.3	GB 3095—2012	现行	
3.3.3		交通类				
	29	城镇道路工程施工与质量验收规范	3.3.3.1	CJJ 1—2008	现行	二
	30	城市桥梁工程施工与质量验收规范	3.3.3.2	CJJ 2—2008	现行	二
	31	城市隧道工程施工与质量验收规范	3.3.3.3		待编	
3.3.4		管线类				
	32	工业金属管道工程施工规范	3.3.4.1	GB 50235—2010	现行	二
	33	工业金属管道工程施工质量验收规范	3.3.4.2	GB 50184—2011	现行	二
	34	建筑电气工程施工质量验收规范	3.3.4.3	GB 50303—2015	现行	二
	35	电气装置安装工程　低压电器施工及验收规范	3.3.4.4	GB 50254—2014	现行	二
	36	电气装置安装工程　接地装置施工及验收规范	3.3.4.5	GB 50169—2016	现行	二
	37	电气装置安装工程　高压电器施工及验收规范	3.3.4.6	GB 50147—2010	现行	二
	38	电气装置安装工程　电气设备交接试验标准	3.3.4.7	GB 50150—2016	现行	二
	39	建筑物防雷工程施工与质量验收规范	3.3.4.8	GB 50601—2010	现行	一
	40	建筑电气照明装置施工与验收规范	3.3.4.9	GB 50617—2010	现行	二
	41	电气装置安装工程　爆炸和火灾危险环境电气装置施工及验收规范	3.3.4.10	GB 50257—2014	现行	一
	42	电气装置安装工程　盘、柜及二次回路接线施工及验收规范	3.3.4.11	GB 50171—2012	现行	二
	43	智能建筑工程质量验收规范	3.3.4.12	GB 50339—2013	现行	二
	44	自动化仪表工程施工及质量验收规范	3.3.4.13	GB 50093—2013	现行	二
	45	火灾自动报警系统施工及验收标准	3.3.4.14	GB 50166—2019	现行	一
	46	数据中心基础设施施工及验收规范	3.3.4.15	GB 50462—2015	现行	二
	47	城市综合管廊给水排水工程施工及验收规范	3.3.4.16		待编	一

续表

体系分类编号	标准序号	标准项目名称	标准体系编号	标准编号	标准状态	重要等级
	48	城市综合管廊燃气工程施工及验收规范	3.3.4.17		待编	一
	49	城市综合管廊通风工程施工及验收规范	3.3.4.18		待编	一
	50	城市综合管廊供热管线工程施工及验收规范	3.3.4.19		待编	一
	51	城市综合管廊电气工程施工及验收规范	3.3.4.20		待编	二
3.3.5		综合类				
	52	城镇综合管廊监控与报警系统工程施工及验收规范	3.3.5.1		待编	二

4.4 标准项目说明

3.1 基础标准

3.1.1 术语标准

3.1.1.1 综合管廊工程施工术语标准

本标准为工程建设中的施工用术语制定。标准主要内容为：规定工程施工各种术语的分类、定义和解释，避免施工过程中术语使用混乱，含义不清等问题。

3.1.1.2 城市综合管廊工程施工术语标准

本标准为规范城市综合管廊工程中的施工用术语制定。标准主要内容为：规定城市综合管廊工程施工各种术语的分类、定义和解释，避免施工过程中术语使用混乱，含义不清等问题。

3.1.2 符号与计量单位标准

3.1.2.1 工程施工现场标志标牌实施标准

本标准为规范工程建设中使用的符号和计量单位而制定。标准内容为：规定工程建设中使用的各种符号和计量单位的分类、注释，避免工程建设中符号和计量单位使用混乱。

3.3 专用标准

3.3.2 环境类

3.3.2.1 城市园林绿化技术操作规程

本规程为规范和完善城市园林绿化工程作业的操作实施方法和验收标准

而制定，包括综合管廊工程的绿化实施和恢复内容。标准主要内容为：总则，术语和符号，操作方法，技术要求，质量验收标准等内容。

3.3.3　交通类

3.3.3.3　城市隧道工程施工与质量验收规范

本规范适用于城市区域内新建山岭隧道、越江隧道以及其他形式的地下车行通道的施工与质量验收。包括总则，术语和符号，隧道施工方法，技术要求，质量和安全控制，质量验收标准等内容。

3.3.4　管线类

3.3.4.16　城市综合管廊给水排水工程施工及验收规范

本规范为完善综合管廊给水排水工程的施工质量和验收标准而制定。标准主要内容为：总则，术语和符号，基本规定，管道施工方法，技术要求，质量和安全控制，管道功能性试验等内容。

3.3.4.17　城市综合管廊燃气工程施工及验收规范

本规范为规范和完善综合管廊燃气工程的施工质量和验收标准而制定。规范主要内容为:总则，管道支、吊架的安装，管道、设备的装卸、运输和存放，钢质管道及管件的防腐，钢管安装，管道附件与设备安装，试验与验收等内容。

3.3.4.18　城市综合管廊通风工程施工及验收规范

本规范为了加强城市综合管廊通风工程施工管理，规范施工技术，统一施工质量检验、验收标准，确保工程质量而制定。本规范规定了城市综合管廊通风工程的施工质量验收依据，且为最低标准。主要内容为：总则，术语，基本规定，风管制作，风管部件制作，风管系统安装，通风设备安装，防腐与绝热，系统调试，竣工验收等内容。

3.3.4.19　城市综合管廊供热管线工程施工及验收规范

本规范为加强城市综合管廊内供热管线的施工管理，规范施工技术，统一施工质量检验、验收标准，确保工程质量而制定。本规范规定了城市综合管廊内供热管线的施工质量验收依据，且为最低标准。主要内容为：总则，术语，施工准备，土建工程，管道安装，防腐与绝热，压力试验、清洗、试运行，竣工验收等内容。

3.3.4.20　城市综合管廊电气工程施工及验收规范

本规范为加强城市综合管廊内电力通道、通信通道、电缆出舱口、管廊交叉节点、供配电系统的施工管理，规范施工技术，统一施工质量检验、验收标准，确保工程质量而制定。主要内容为：总则，术语，基本规定，电力通道安装，通信通道安装，电缆出舱口，交叉节点，供配电系统安装，试运行，

竣工验收等。

3.3.5 综合类

3.3.5.1 城镇综合管廊监控与报警系统工程施工及验收规范

本规范为完善综合管廊监控与报警系统工程的施工质量和验收标准而制定。主要内容为：总则，术语，基本规定，统一管理平台系统安装，环境与设备监控系统安装，安全防范系统安装，火灾自动报警系统安装，可燃气体探测报警系统安装，通信系统安装，入廊管线监控安装，试运行，竣工验收等。

5 运行维护类

5.1 概述

地下综合管廊的运行维护包括对运行中的管线安全状况的监测，对地下综合管廊内部环境的检测，避免内部环境因素对设备管线的影响及对工作人员的伤害，以及综合管廊工程出现质量问题时，采取恰当的方式进行处理和维护。从已建的地下综合管廊运营状况来看，国内在综合管廊运行维护方面还存在较大的进步空间。

5.1.1 国内外综合管廊运行维护技术发展简况

目前，综合管廊的运行维护主要采用与智慧城市相结合的方式进行，智慧技术、智慧设施是智慧城市的部分核心内容。智慧技术指信息和通信技术以及大数据挖掘在城市基础设施和管理中的广泛应用，智慧设施包括但不限于通常的通信、网络、市政、能源、交通等基础设施及镶嵌于各类基础设施的智能设备。综合管廊采用了多种设备进行安全监控、预警、远程管理。鉴于管廊系统的复杂化、集成化、风险性，应综合应用智慧城市技术，加强管廊的信息化管理，减少人工的管理强度。通过 BIM 及 GIS 技术的结合，可使得城市管廊规划、设计、施工、运维向智慧基础设施发展，构建智慧管廊。

5.1.2 国内外综合管廊运行维护技术标准现状及发展趋势

国外只有日本编制了一本《共同沟设计规程》，其中基本没有关于综合管廊运行维护方面的内容。大多数国家主要参照其他相关技术标准来规范综合管廊的运行维护要求，缺乏针对性、适用性和科学的综合管廊运行维护技术标准。

目前，国内对于各类地下管网的运行、维护及安全技术规程较为全面，有些地方也正在组织编制综合管廊运行维护方面的标准，但具有广泛适用性的针对综合管廊设施的运行、维护技术规程尚未发布，需要进一步完善。

5.1.3 综合管廊运行维护标准体系编制方向

综合管廊运行维护标准体系编制的主要方向是：一是将多个原管线类标准纳入到本体系中；二是针对综合管廊运维的特殊性，编制特定的运维标准；三是加入近年来新出现的利用BIM技术对综合管廊进行运行维护方面的内容。

5.1.4 综合管廊运行维护标准体系

按照“城市综合管廊规划建设和运行维护标准体系”编制的指导思想，体系框架依据“最小的资源投入获得最大标准化效果”的指导原则，进行综合管廊施工类标准体系的编制。

标准体系的建立可有效促进产品技术标准化的发展，促进技术进步，提高标准化管理水平，确保标准编制工作的秩序，减少标准之间的重复与矛盾，减少标准时间存在不协调、不配套、组成不合理等问题。

本体系框架分为三个层次，分别为基础标准、通用标准、专用标准。第一层基础标准分术语、分类、制图、标志等标准；第二层通用标准和第三层专用标准主要针对综合管廊设计的实际情况。

5.2 运行维护类标准体系框图

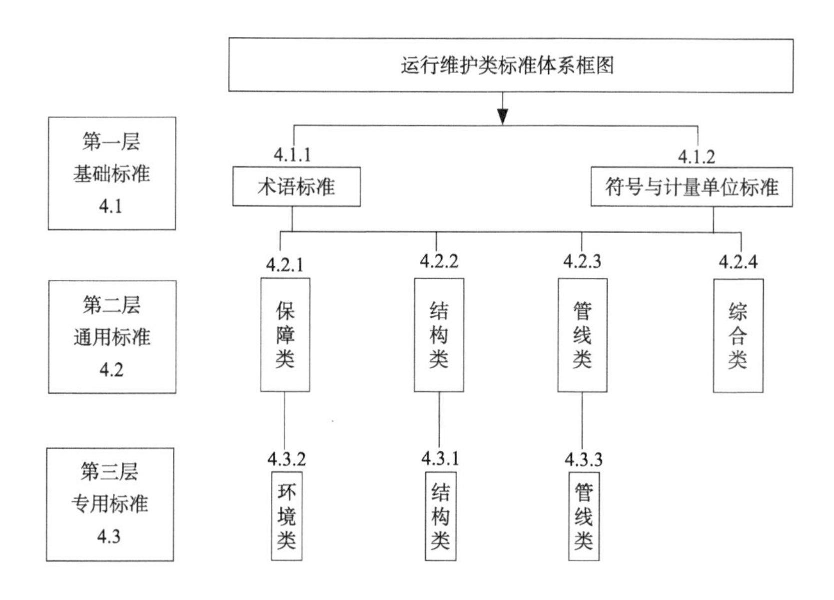

5.3 标准体系表

城市综合管廊规划建设和运行维护标准体系表

运行维护类标准体系表

体系分类编号	标准序号	标准项目名称	标准体系编号	标准编号	标准状态	重要等级
4.1		基础标准				
4.1.1		术语标准				
	1	城市综合管廊运行、维护术语标准	4.1.1.1		待编	三
4.1.2		符号与计量单位标准				
	2	城市综合管廊设施标识和标牌标准	4.1.2.1		待编	三
4.2		通用标准				
4.2.1		保障类				
	3	城市综合管廊消防设施运行维护技术规程	4.2.1.1		待编	一
	4	干粉灭火装置	4.2.1.2	XF 602—2013	现行	一
	5	消防联动控制系统	4.2.1.3	GB 16806—2006/XG1—2016	现行	二
4.2.2		结构类				
	6	混凝土结构耐久性修复与防护技术规程	4.2.2.1	JGJ/T 259—2012	现行	一
4.2.3		管线类				
	7	城镇供水服务	4.2.3.1	GB/T 32063—2015/XG1—2018	现行	一
	8	燃气系统运行安全评价标准	4.2.3.2	GB/T 50811—2012	现行	二
	9	城镇供热系统评价标准	4.2.3.3	GB/T 50627—2010	现行	
4.2.4		综合类				
	10	城市综合管廊设备运行可靠性评价标准	4.2.4.1		待编	二
	11	城市综合管理运营管理标准	4.2.4.2	T/CECS 531—2018	现行	一
	12	城市地下综合管廊运行维护及安全技术标准	4.2.4.3	GB 51354—2019	现行	一

续表

体系分类编号	标准序号	标准项目名称	标准体系编号	标准编号	标准状态	重要等级
4.3		专用标准				
4.3.1		结构类				
	13	城市综合管廊工程结构及构件维护与加固技术规程	4.3.1.1		待编	二
	14	城市综合管廊工程抗震修复和加固技术规程	4.3.1.2		待编	二
4.3.2		环境类				
	15	城市园林绿化评价标准	4.3.2.1	GB/T 50563—2010	现行	二
	16	古树名木保护技术管理规程	4.3.2.2		待编	二
4.3.3		管线类				
	17	城市供水管网漏损控制及评定标准	4.3.3.1	CJJ 92—2016	现行	二
	18	城镇供水管网运行、维护及安全技术规程	4.3.3.2	CJJ 207—2013	现行	二
	19	城镇排水管渠与泵站运行、维护及安全技术规程	4.3.3.3	CJJ 68—2016	现行	一
	20	城市综合管廊给水排水设施运行、维护技术规程	4.3.3.4		待编	一
	21	城镇燃气设施运行、维护和抢修安全技术规程	4.3.3.5	CJJ 51—2016	现行	二
	22	城市综合管廊燃气设施运行、维护和抢修安全技术规程	4.3.3.6		待编	一
	23	空调通风系统运行管理标准	4.3.3.7	GB 50365—2019	现行	二
	24	城市综合管廊通风设施运行、维护技术规程	4.3.3.8		待编	一
	25	城市综合管廊供热设施运行、维护技术规程	4.3.3.9		待编	二
	26	城市综合管廊电气工程设施运行、维护技术规程	4.3.3.10		待编	二
	27	城市综合管廊监控与报警设施运行、维护技术规程	4.3.3.11		待编	二

5.4　标准项目说明

4.1　基础标准

4.1.1　术语标准

4.1.1.1　城市综合管廊运行、维护术语标准

本标准为规范城市综合管廊工程运行、维护用术语制定。标准主要内容为：规定城市综合管廊工程运行、维护各种术语的分类、定义和解释，避免运行、维护中术语使用混乱，含义不清等问题。

4.1.2　符号与计量单位标准

4.1.2.1　城市综合管廊设施标识和标牌标准

本规程为规范城市综合管廊工程中各种设施的标识和标牌而制定。标准内容为：规定城市综合管廊工程中各种设施的标识和标牌的分类、图形和图案、注释等，避免综合管廊工程中各种设施的标识和标牌使用混乱。

4.2　通用标准

4.2.1　保障类

4.2.1.1　城市综合管廊消防设施运行维护技术规程

本规程为规范城市综合管廊消防设施运行维护技术要求而制定。标准内容为：规定城市综合管廊工程中各种防火分隔、自动灭火系统、防排烟系统、灭火器材、消防监控、火灾自动报警等消防设施日常运行、巡检与监测、维修保养、专业检测、设备的更换、升级及大中修专项工程的技术要求，规范消防设施运行维护技术标准。

4.2.4　综合类

4.2.4.1　城市综合管廊设备运行可靠性评价标准

本标准为规范城市综合管廊设备运行可靠性评价要求而制定。标准内容为：规定城市综合管廊工程中给水阀门、燃气阀门、消防设备、电气和照明设备、自控设备、通风设备、排水设备等日常运行可靠性评价的技术要求，规范设备运行靠性评价技术标准。

4.3　专用标准

4.3.1　结构类

4.3.1.1　城市综合管廊工程结构及构件维护与加固技术规程

本规程为规范综合管廊运行后结构及构件维护与加固而制定。标准主要内容为：总则，术语和符号，材料，基本规定，修复与加固技术，以及保障城市综合管廊结构安全的其他技术要求等。

4.3.1.2 城市综合管廊工程抗震修复和加固技术规程

本规程为规范综合管廊遭遇地震破坏后结构及构件的修复与加固而制定。标准主要内容为：总则，术语和符号，材料，基本规定，地震作用，结构验算，修复与加固技术等。

4.3.2 环境类

4.3.2.2 古树名木保护技术管理规程

本规程为规范综合管廊建设中对古树名木的保护要求而制定，规定建设中古树名木移栽和管廊运行后对古树名木的养护而制定。标准主要内容为：总则，术语和符号，基本规定，古树名木类别，移栽与养护技术，以及保障古树名木养护的其他技术要求等。

4.3.3 管线类

4.3.3.4 城市综合管廊给水排水设施运行、维护技术规程

本规程为规范综合管廊建成后给水排水设施运行、维护而制定。标准主要内容为：总则，术语和符号，基本规定，给水排水管线运行维护，附属设施运行维护，安全运行及应急管理等。

4.3.3.6 城市综合管廊燃气设施运行、维护和抢修安全技术规程

本规程为使城市综合管廊燃气设施运行、维护和抢修符合安全生产，保证正常供气，保障公共安全而制定。规程主要内容为：总则，术语，一般规定，管道及其附件，设备，监控及数据采集系统，抢修现场，抢修作业，中毒、火灾与爆炸，停气与降压，动火，通气，运行与维护的图档资料，抢修工程的图档资料等。

4.3.3.8 城市综合管廊通风设施运行、维护技术规程

本规程为贯彻执行国家的技术经济政策，规范综合管廊通风系统的运行管理，贯彻节能环保、卫生、安全和经济实用的原则，保证系统达到合理的使用功能，节省系统运行能耗，延长系统的使用寿命，快速有效地应对突发紧急事件而制定。主要内容为：总则，术语和符号，管理要求，技术要求，突发事件应急管理措施等。

4.3.3.9 城市综合管廊供热设施运行、维护技术规程

本规程为贯彻执行国家的技术经济政策，规范综合管廊供热设施的运行管理，贯彻节能环保、卫生、安全和经济实用的原则，保证系统达到合理的使用功能，节省系统运行能耗，延长系统的使用寿命，快速有效地应对突发紧急事件而制定。主要内容为：总则，术语和符号，管理要求，技术要求，突发事件应急管理措施等。

4.3.3.10　城市综合管廊电气工程设施运行、维护技术规程

本规程为贯彻执行国家的技术经济政策，规范综合管廊电力通道、通信通道、电缆出舱口、管廊交叉节点、供配电设备的运行管理，贯彻节能、安全和经济实用的原则，有效地应对管廊内突发紧急事件而制定。主要内容为：总则，术语和符号，电力通信通道管理，电气工程技术要求，电力通信电缆保护措施，突发事件应急管理措施等。

4.3.3.11　城市综合管廊监控与报警设施运行、维护技术规程

本规程为贯彻执行国家的技术经济政策，规范综合管廊监控与报警系统的运行管理，有效地应对管廊内突发紧急事件而制定。主要内容为：总则，术语和符号，基本规定，技术要求，监控与报警系统安全运行措施，突发事件应急管理措施等。

城市综合管廊给水排水设计技术指南

1 总 则

1.1 编制目的

为了有效指导纳入综合管廊内的城市给水管道、再生水管道、排水管渠及管廊内部排水系统的设计，使其达到布置合理，技术先进，运行安全，便于施工、维护和使用的目的，编写本设计技术指南。

1.2 适用范围

本设计技术指南适用于城市综合管廊内的城市给水管道，再生水管道，排水管渠，排水系统的新建、扩建、改建，不适用于管廊内自动灭火消防给水管设计。

1.3 编制原则

综合管廊内城市给水管道、再生水管道、排水管渠、排水系统设计应以综合管廊总体设计、城市管线专项规划、城市综合管廊专项规划为依据，遵循“规划先行、满足总体、适度超前、安全可靠、统筹兼顾”的原则，充分发挥综合管廊的综合效益，使管渠设计除满足综合管廊总体设计要求，还同时满足城市给水排水管渠近、远期发展需求，并为城市给水排水管渠远景预留一定的发展空间。

综合管廊内城市给水管道、再生水管道、排水管渠、管廊内部排水系统设计应做到与综合管廊总体设计协调、统一。

2 术 语

1. 综合管廊 utility tunnel

建于城市地下用于容纳两类及以上城市工程管线的构筑物及附属设施。

2. 干线综合管廊 trunk utility tunnel

用于容纳城市主干工程管线，采用独立分舱方式建设的综合管廊。

3. 支线综合管廊 branch utility tunnel

用于容纳城市配给工程管线，采用单舱或双舱方式建设的综合管廊。

4. 给水排水管线 water and wasterwater pipe line

城市范围内为满足生活、生产需要的给水、雨水、污水、再生水的市政公用管线。

5. 给水管道 water supply pipe

输送和向用户配给原水或自来水的管道以及相关的附属设施，包括输水管和配水管。

6. 输水管道 delivery pipe

从水源地到水厂或水厂到配水管网的管道以及相关的附属设施。

7. 配水管道 distribution pipe

用以向给水用户配水的管道及相关的附属设施。

8. 再生水管道 reclaimed water pipe

用以输送或向再生水用户配水的管道及相关的附属设施。

9. 排水管渠 sewer

收集、输送污水、雨水的管渠以及相关的附属设施，包括污水管渠和雨水管渠。

10. 检查井 manhole

排水管渠中连接上下游管道渠供养护工人检查维护或进入管渠内的构筑物。

11. 刚性接口 rigid joint

不允许连接管道借转的接口。

12. 柔性接口 flexible joint

允许连接管道在一定范围内借转的接口。

13. 压力管道 pressure pipe

具有一定的承压能力，用于输、配水的市政水管，包括压力给水管、压力再生水管、压力排水管等。

14. 重力流管渠 free–flow sewer

以重力流方式输送污水、雨水的管渠。

15. 集水坑 sump pit

用来收集综合管廊内部渗漏水或管道排空水等的构筑物。

3　基本规定、设计依据及资料、执行规范

3.1　基本规定

1. $DN \leqslant 800$ 的给水排水压力管道（给水管、再生水管、压力排水管）宜纳入综合管廊，$DN > 800$ 的给水排水压力管道宜进行技术经济论证后选择入廊；重力流排水管渠宜综合考虑城市总体规划、雨污水专项规划、排水管渠现状，经技术经济论证后选择入廊。纳入综合管廊的重力流排水管道宜管径 $DN \leqslant 2000$。

2. 给水排水管线设计应与城市总体规划、综合管廊工程专项规划、管线专项规划相协调。

3. 综合管廊内给水排水管线、排水设施设计应满足国家标准《城市综合管廊工程技术规范》GB 50838—2015、《城市地下综合管廊管线工程技术规程》T/CECS 532—2018 等的有关规定。

4. 纳入综合管廊的给水排水管线应在综合管廊总体设计基础上进行专项管线设计，管线及排水系统设计应以综合管廊总体设计为依据。

5. 在综合管廊内布置给水排水管线，应满足管线及管线上阀门、排气阀、补偿接头等附件安装、使用和运营维护空间要求。

6. 压力管道进出综合管廊时，应在综合管廊外部设置阀门及阀门井。

7. 给水排水管道的三通、弯头等部位应根据需要设置必要的支架、支墩等安全措施。

8. 综合管廊顶板处，应设置供管道及附件安装用的吊钩、拉环或导轨。吊钩、拉环相邻间距不宜大于 10m。

9. 纳入综合管廊的给水排水金属管道及金属支吊架应进行防腐设计。

10. 给水排水管道配套的检测设备、控制执行机构或监控系统应设置与综合管廊监控与报警系统联通的信号传输接口。

11. 给水排水管道及排水设施宜考虑智慧化设计，实现数据融合、数据共享、动态管理、管控可视、协同联动、分析决策等功能。

12. 抗震设防烈度 6 度及以上地区综合管廊内给水排水管道应考虑抗震措

施，抗震设计应符合现行国家标准《室外给水排水和燃气热力工程抗震设计规范》GB 50032—2003 的有关规定，管线抗震支吊架参考国家标准《建筑机电工程抗震设计规范》GB 50981—2014 执行。

3.2 设计依据及资料

1.《综合管廊工程专项规划》。

2.《给水工程专项规划》《再生水工程专项规划》。

3.《排水工程专项规划》《排洪工程专项规划》。

4.《城市管线综合规划》。

5. 综合管廊上阶段咨询或方案设计等批复。

6. 综合管廊岩土工程勘察报告。

7. 综合管廊工程或管线等设计合同。

8. 综合管廊设计图纸。

9. 道路方案或设计图纸。

10. 道路上其他管线设计资料。

11. 道路沿途现状管线物探资料。

3.3 执行的规范和设计图集

1.《城市综合管廊工程技术规范》GB 50838—2015。

2.《城市地下综合管廊管线工程技术规程》T/CECS 532—2018。

3.《城市给水工程规划规范》GB 50282—2016。

4.《城市排水工程规划规范》GB 50318—2017。

5.《城市工程管线综合规划规范》GB 50289—2016。

6.《城镇给水排水技术规范》GB 50788—2012。

7.《室外给水设计标准》GB 50013—2018。

8.《室外排水设计标准》GB 50014—2021。

9.《泵站设计规范》GB 50265—2010。

10.《城镇污水再生利用工程设计规范》GB 50335—2016。

11.《消防给水及消火栓系统技术规范》GB 50974—2014。

12.《建筑设计防火规范》（2018 年版）GB 50016—2014。

13.《建筑小区雨水控制及利用技术规范》GB 50400—2016。

14.《污水排入城镇下水道水质标准》GB/T 31962—2015。
15.《污水用球墨铸铁管、管件和附件》GB/T 26081—2010。
16.《水及燃气用球墨铸铁管、管件和附件》GB/T 13295—2019。
17.《低压流体输送用焊接钢管》GB/T 3091—2015。
18.《给水涂塑复合钢管》CJ/T 120—2016。
19.《埋地给水钢管道水泥砂浆衬里施工及检测规程》T/CECS 10—2019。
20.《钢质管道液体环氧涂料内防腐技术规范》SY/T 0457—2019。
21.《埋地钢质管道环氧煤沥青防腐技术标准》SY/T 0447—2014。
22.《自承式给水钢管跨越结构设计规程》CECS 214：2006。
23.《钢结构设计标准》GB 50017—2017。
24.《给水排水工程管道结构设计规范》GB 50332—2002。
25.《室外给水排水和燃气热力工程抗震设计规范》GB 50032—2003。
26.《建筑机电工程抗震设计规范》GB 50981—2014。
27. 国家建筑标准设计图集《综合管廊工程总体设计及图示》17GL101。
28. 国家建筑标准设计图集《综合管廊给水、再生水管道安装》17GL301。
29. 国家建筑标准设计图集《综合管廊排水设施》17GL302。
30. 国家建筑标准设计图集《市政给水管道工程及附属设施》07MS101。
31. 国家建筑标准设计图集《市政排水管道工程及附属设施》06MS201。
32. 国家建筑标准设计图集《钢筋混凝土及砖砌排水检查井》20S515。
33.《城市污水处理厂管道和设备色标》CJ/T 158—2002。
34.《给水排水管道工程施工及验收规范》GB 50268—2008。
35.《给水排水构筑物工程施工及验收规范》GB 50141—2008。
36.《钢结构工程施工质量验收标准》GB 50205—2020。
37.《工业金属管道工程施工质量验收规范》GB 50184—2011。
38.《工业设备及管道防腐蚀工程施工质量验收规范》GB 50727—2011。

4 给水、再生水管道设计

4.1 一般规定

1. 纳入综合管廊的给水、再生水管道的设计使用年限不应低于 50 年。

2. 给水、再生水管道设计应与城镇总体规划，综合管廊工程专项规划，城市管线综合规划，给水、再生水专项规划等上位规划相协调。

3. 给水、再生水管道设计应满足城市给水及再生水专项规划、综合管廊工程专项规划、综合管廊沿途地块和用户需求。

4. 给水、再生水管道设计应符合现行国家标准《室外给水设计标准》GB 50013—2018、《城镇污水再生利用工程设计规范》GB 50335—2016 的有关规定。

5. 给水、再生水管道管径应根据远期规划并进行水力复核后确定，必要时应进行管网平差复核管径，并预留一定的远景发展条件。

6. 给水、再生水管道应考虑水锤的影响，必要时进行水锤分析计算，并对管路系统采取综合防护设计。

7. 给水、再生水管道根据综合管廊断面布置、管径大小及管道连接方式确定固定方式，一般采用支（吊）架或支墩的固定方式。

4.2 给水、再生水管道的布置和设计

4.2.1 在管廊内布置位置

给水、再生水管道在综合管廊内布置位置根据综合管廊横断面设计确定，可按照国家建筑标准设计图集《综合管廊给水、再生水管道安装》17GL301/8、《综合管廊工程总体设计及图示》17GL101/8、11 ~ 14、16、17 ~ 22 布置。

给水、再生水管道与热力管道同侧布置时，给水管道与再生水管道宜布置在热力管道的下方。

给水管与再生水管道同侧布置时，再生水管正下方不宜布置给水管。当再生水管道没有敷设空间，局部段需敷设在给水管道上方时，给水管应采取

如下其中一种措施：

（1）给水管采用钢管。

（2）给水管上方设挡水隔板。

非钢制给水管设钢套管，做法如下：

（1）管道接口不应重叠。

（2）套管内径应大于给水管道外径 100mm。

（3）套管伸出交叉管的长度每端不得小于 0.5m。

给水、再生水管道与排水管道平行布置时，其相互间水平净距不得小于 0.5m。当管道交叉时，再生水管道宜布置在给水管道的下面，并均应位于排水管道的上面。

给水、再生水管道与其他管线交叉时的最小垂直净距不宜小于 0.15m。

标准横断面中沿管廊纵向布置的给水管、再生水干管上方宜有不小于 0.8m 的空间。

4.2.2　给水、再生水管道在管廊内的安装净距

给水、再生水管道在管廊内的安装净距应满足现行国家标准《城市综合管廊工程技术规范》GB 50838—2015 第 5.5.6 条的要求，具体详见图 2-1 和表 2-1。

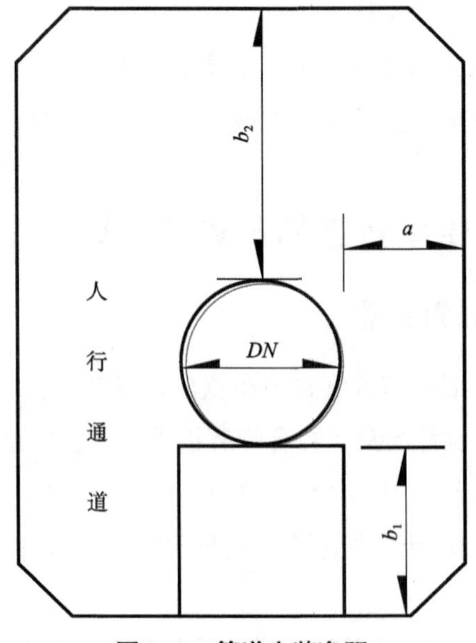

图 2-1　管道安装净距

管道安装净距（mm） **表 2-1**

<table>
<tr><th rowspan="2">管道公称直径（DN）</th><th colspan="3">铸铁管、螺栓连接钢管</th><th colspan="3">焊接钢管、塑料管</th></tr>
<tr><th>a</th><th>b_1</th><th>b_2</th><th>a</th><th>b_1</th><th>b_2</th></tr>
<tr><td>DN＜400</td><td>400</td><td>400</td><td rowspan="5">800</td><td rowspan="3">500</td><td rowspan="2">500</td><td rowspan="5">800</td></tr>
<tr><td>400≤DN＜800</td><td rowspan="2">500</td><td rowspan="2">500</td></tr>
<tr><td>800≤DN＜1000</td><td></td></tr>
<tr><td>1000≤DN＜1500</td><td>600</td><td>600</td><td>600</td><td>600</td></tr>
<tr><td>DN≥1500</td><td>700</td><td>700</td><td>700</td><td>700</td></tr>
</table>

当管径等于或小于 DN400，并采用支、吊架安装时，在满足管道安装间距和附属设施安装的前提下，与管廊侧壁、管廊内顶的净距可适当缩小。

4.2.3 给水、再生水管道平面及纵向布置

给水、再生水管道平面及纵向布置与综合管廊线型保持一致。

4.2.4 管道避让做法

在综合管廊的各类节点处，为满足各种管道的安装及出线要求，给水、再生水管道等压力流管道宜避让重力流排水管道，小管径管道宜避让大管径管道，分支出舱管线宜避让主干管道。

4.2.5 给水、再生水管道进出综合管廊时，应在综合管廊外部设置阀门及阀门井

4.2.6 给水管、再生水管出舱做法

输水管道一般不出舱或仅在管廊（道路）交叉口分出支线出舱，可通过管廊交叉口或管线分支口实现；而配水管道需向周边地块用户配水，可通过管线分支口实现配水。配水管有消防给水任务时，可采用从管廊内配水管道上设置三通管件从管廊顶部或侧面引出消防支管。

给水管、再生水管侧出舱，顶出舱，底部出舱，单侧、双侧出舱常用方式可按国家建筑标准设计图集《综合管廊给水、再生水管道安装》17GL301/7 布置。

给水管、再生水管在端部井出舱一般采取将端部井局部拓宽和加高，给水管、再生水管通过弯头将管道引出管廊外，具体做法如图 2-2 ~图 2-5 所示。

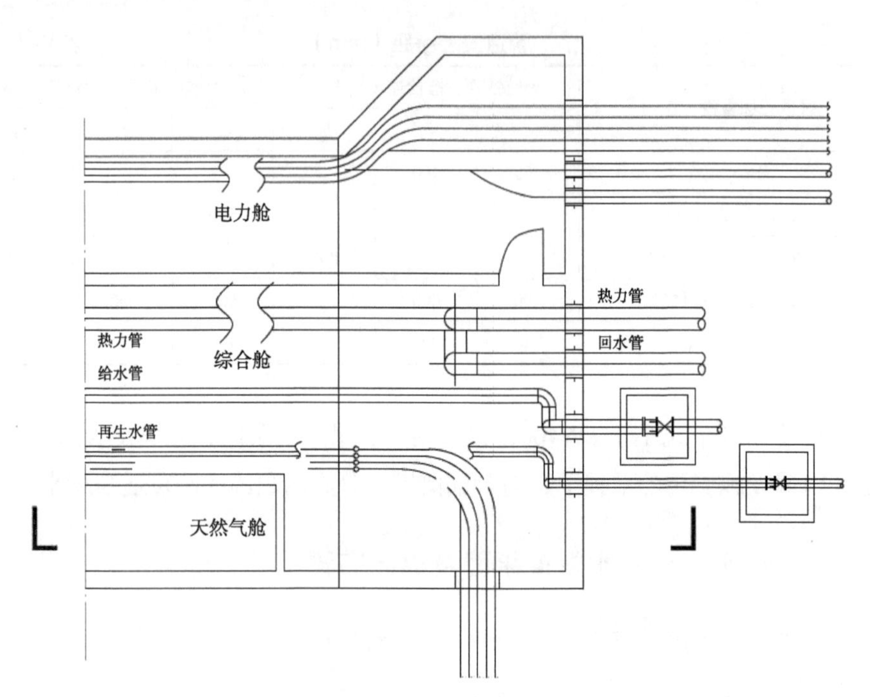

图 2-2　端部井（一）管道布置平面图

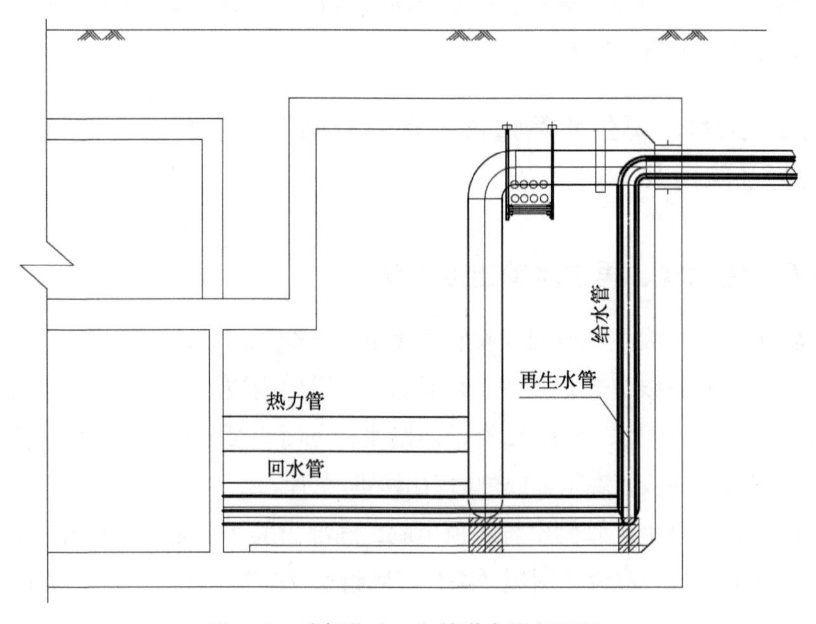

图 2-3　端部井（一）管道布置剖面图

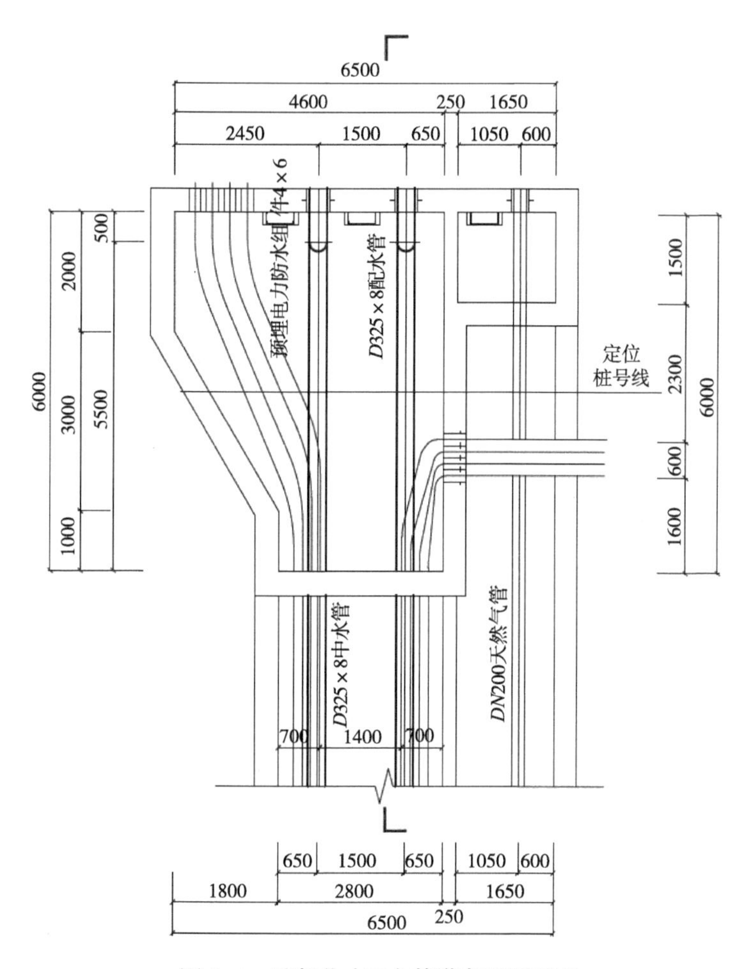

图 2–4　端部井（二）管道布置平面图

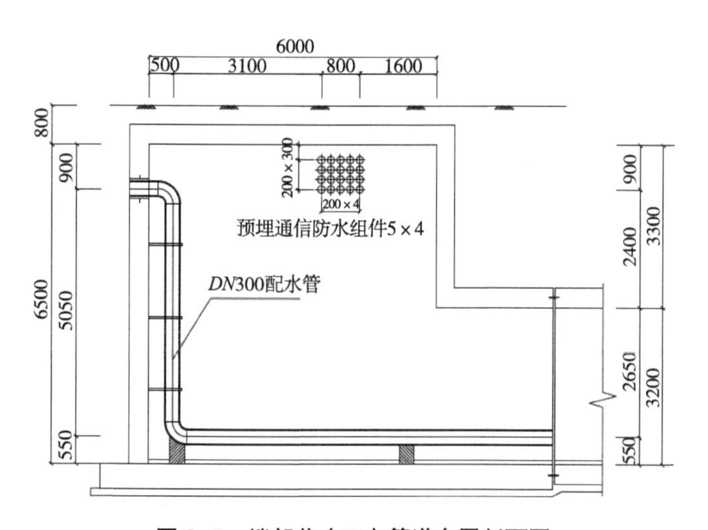

图 2–5　端部井（二）管道布置剖面图

4.3　给水、再生水管管径及支管间距

管廊内的给水干管及再生水干管管径应按照给水及再生水专项规划、综合管廊专项规划并进行水力复核后确定，必要时应进行管网平差复核管径。

$DN \leqslant 800$ 的给水管道、再生水管宜纳入综合管廊，$800 < DN \leqslant 1600$ 的给水管道、再生水管宜进行技术经济论证后选择入廊，$DN > 1600$ 的不宜入廊。

中等城市及以上城市综合管廊内承担消防任务的给水配水干管及沿途路口支管管径不宜小于 *DN*300，再生水管管径不宜小于 *DN*200。其综合管廊沿途预留街坊给水支管管径不宜小于 *DN*200，其沿途预留街坊再生水支管管径不小于 *DN*150，街坊支管间距一般为 110 ~ 240m。

小城市及以下城镇综合管廊内承担消防任务的给水干管不宜小于 *DN*200，沿途路口支管管径不宜小于 *DN*150，再生水管管径不宜小于 *DN*100。其综合管廊沿途预留街坊给水支管管径不宜小于 *DN*100，其沿途预留街坊再生水支管管径不小于 *DN*100，街坊支管间距一般为 110 ~ 240m。

4.4　给水、再生水管管材及连接方式

4.4.1　给水、再生水管材

给水、再生水管道可选用钢管、球墨铸铁管、塑料管等。

钢管采用 Q235B 钢管，钢管壁厚应根据计算确定，钢管壁厚可按表 2-2 取值。

球墨铸铁管可采用 K9 级铸铁管。

钢制管道壁厚建议取值　　　　**表 2–2**

序号	管径（mm）	壁厚（mm）
1	$100 \leqslant DN \leqslant 250$	6
2	$250 < DN \leqslant 500$	8
3	$600 < DN \leqslant 1000$	10
4	$1000 < DN \leqslant 1200$	10 ~ 12
5	$1200 < DN \leqslant 1400$	12 ~ 14
6	$1400 < DN \leqslant 1600$	14 ~ 16

注：表内壁厚仅供管道支墩间距 6m 时参考，应根据实际情况计算确定。

4.4.2 给水、再生水管连接方式

钢管连接方式：管径不大于 *DN*300 时可采用刚性沟槽、承插口连接；管径为 *DN*400 ~ *DN*800 时可采用法兰、承插口连接；管径大于 *DN*800 时采用焊接刚性接口、承插口连接。现场接口焊接宜采用氩弧焊打底，焊缝应进行 100% 超声波或 X 射线探伤检查。

球墨铸铁管连接方式：柔性接口（承插口连接）、自锚式接口、法兰连接。

塑料管连接方式：热熔、法兰、粘接连接。

4.5 阀门、排气阀、泄水阀、补偿接头、防水套管等管道附属设施设置

4.5.1 阀门的设置与选择

1. 阀门的设置

给水、再生水管道进出综合管廊时，应在综合管廊外部设置阀门及井。

沿途分支处出舱管道上阀门一般设置在出舱管道起端三通后管廊外的管线上。

输水管和配水管应考虑自身检修和事故维修的切断需要设置阀门，干管上阀门设置间距一般为 500 ~ 1000m。

承担管廊外部的消防功能且设有市政室外消火栓的给水管道应采用阀门分成若干独立段，每段内室外消火栓数量不宜超过 5 个。

为便于阀门安装和维护，阀门宜设置在靠近投料口、人员出入口和管道出舱处。

2. 阀门的选择

给水、再生水管道管径 $DN \geqslant 300$ 时，管线上阀门宜采用法兰式蝶阀；$DN < 300$ 时，管线上阀门宜采用软密封闸阀或旋塞阀。

为便于事故时快速关闭阀门，主干管上阀门宜采用带一体化电动头的电动阀门，电动头防护等级不低于 IP67。

4.5.2 排气阀的设置与选择

给水、再生水管道隆起位置或特殊要求的位置应设置自动排气阀；管道竖向布置平缓时，宜间隔 1km 左右设置一个排气阀。

排气阀可采用复合式自动排气阀或其他形式排气阀，排气阀应配检修阀

门，$DN \geqslant 400$ 时检修阀门可采用软密封闸阀，$DN < 400$ 时检修阀门可采用截止阀。

排气阀的规格应根据主管—给水、再生水管道的管径确定，仅考虑排气功能时排气阀直径可取主管直径的 1/12 ~ 1/8，兼有进气功能的排气阀可取主管直径的 1/8 ~ 1/5，同时适当考虑一定富裕通气量。

当采用复合式自动排气阀时，排气阀的规格见表 2-3，当选用其他类型的排气阀时可对其规格进行调整，可参考国家建筑标准设计图集《市政给水管道工程及附属设施》GJBT—1039/52 中表格的数据选择。

排气阀必须垂直安装，具体详见国家建筑标准设计图集《综合管廊给水、再生水管道安装》17GL301/89。

复合式排气阀的规格选择　　表 2-3

序号	给水、再生水管道直径 DN（mm）	排气阀直径 D_{n_1}（mm）
1	100	25
2	125	25
3	150	50
4	200	50
5	250	50
6	300	80
7	350	80
8	400	80
9	450	80
10	500	100
11	600	100
12	700	100
13	800	100
14	900	150
15	1000	150
16	1200	200
17	1400	200
18	1600	200

4.5.3　泄水阀的设置与选择

给水、再生水管道应在管道低洼处及阀门之间管段低处设置泄水阀，并通过管道排至管廊排水边沟或集水坑或直接排至管廊外排水管 / 渠中，泄

水阀的直径和数量根据放空管道中泄水所需要的时间、集水坑数量、管廊内自动排水设施抽升能力计算确定，泄水阀的规格可按表 2-4 选取。泄水阀布置具体详见国家建筑标准设计图集《综合管廊给水、再生水管道安装》17GL 301/88。

当给水、再生水管管径 $DN \geqslant 1000$ 时宜考虑部分泄水管能尽可能直接排至管廊外排水管 / 渠中，管段中确实无法排空的余水才排至管廊排水边沟或集水坑，或者增加适当集水坑和泄水阀数量，这样可减少排入集水坑的泄水管和泄水阀直径，节省管道排空时间。

泄水阀可采用软密封闸阀或旋塞阀、球阀等适宜于排放含泥、砂水的阀门。

泄水阀的规格选择 **表 2-4**

序号	给水、再生水管道直径 DN（mm）	泄水阀最大直径 D_{n_2}（mm）
1	100	80
2	125	80
3	150	80
4	200	80
5	250	80
6	300	100
7	350	100
8	400	100
9	450	200
10	500	200
11	600	200
12	700	250
13	800	250
14	900	300
15	1000	400
16	1200	500
17	1400	600
18	1600	700

4.5.4　补偿接头的设置与选择

整体连接的给水、再生水管道应根据管道伸缩量间隔一定距离单独或结合阀门位置安装补偿接头。

*DN*300 及以上口径阀门在与管道连接时宜设置补偿接头，根据情况选择传力型或防拉脱型补偿接头。

4.5.5　防水套管设置与选择

给水、再生水管道穿越管廊体壁时，应设置防水套管。

管道穿越管廊壁处需承受震动、管道伸缩变形或在抗震烈度为 6 度及高于 6 度地区时，穿管与防水套管间的缝隙内应填充柔性材料（如聚硫密封膏、油麻）或采用其他形式柔性防水套管。

4.5.6　检查孔设置

输水管道（$DN \geqslant 600$），控制阀门前 3 ~ 7m 范围宜增加 *DN*600 检查孔。

输水管道（$DN \geqslant 1000$），宜每 500m 设置一处三通检查孔。输水管检查孔口径宜为 *DN*600 ~ *DN*800，检查孔采用三通上设法兰盖的做法，做法如图 2-6 所示。

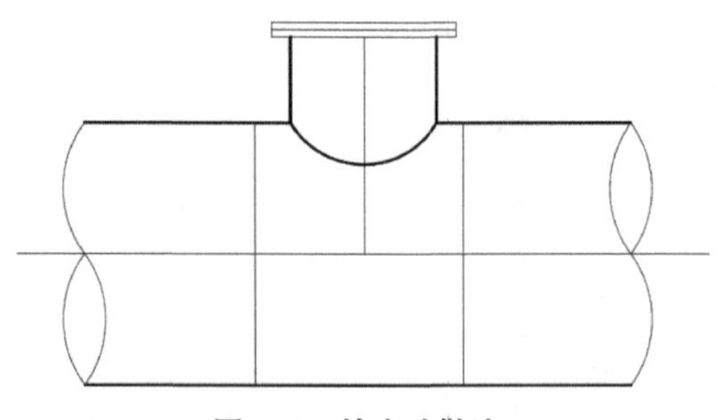

图 2-6　检查孔做法

4.5.7　压力检测仪设置

由于管廊是封闭的结构，给水、再生水管道一旦发生爆管，必须马上停水抢修，否则将会出现水淹管廊设施的现象，严重时甚至会危及其他工程管线及配套附属设施的安全运行，因此宜安装压力检测仪分段对管道进行压力检测，以使监控人员能了解管网压力变化，分析判断爆管位置，通过自控系统及时自动关闭爆管点两侧分段阀门，马上组织人员抢修。

4.5.8 室外消火栓设置

负有管廊外部消防任务的给水配水管道需设置室外消火栓时，每隔80～120m设置一处消火栓，接消火栓的支管可以从管廊内配水管上直接设置三通引出*DN*100/*DN*150支管并穿过管廊顶板，或者从管廊引出的给水支管上设置三通引出*DN*100/*DN*150消火栓支管，再根据《消防给水及消火栓系统技术规范》GB 50974—2014第7.2.6条要求设置消火栓井，具体采用地上式或地下式室外消火栓应根据当地要求进行选择（图2-7～图2-9）。

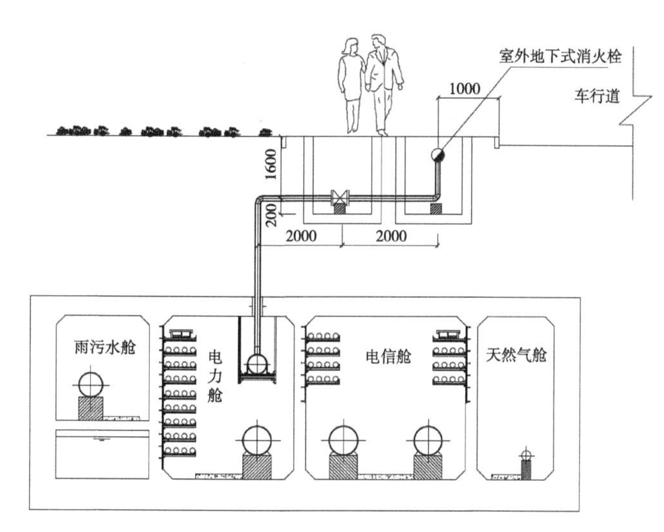

图2-7　室外消火栓布置大样一

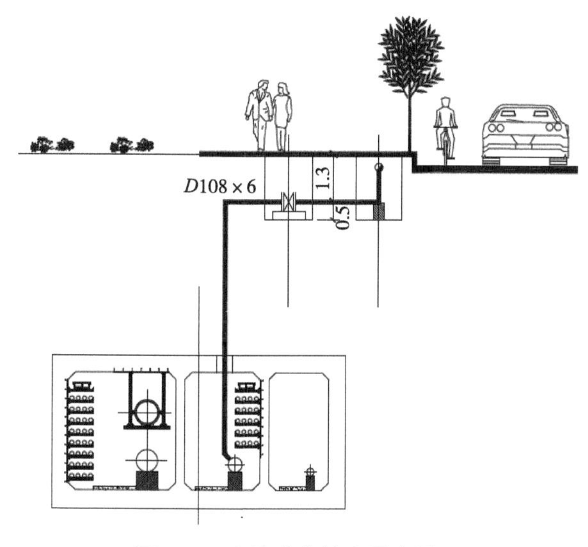

图2-8　室外消火栓布置大样二

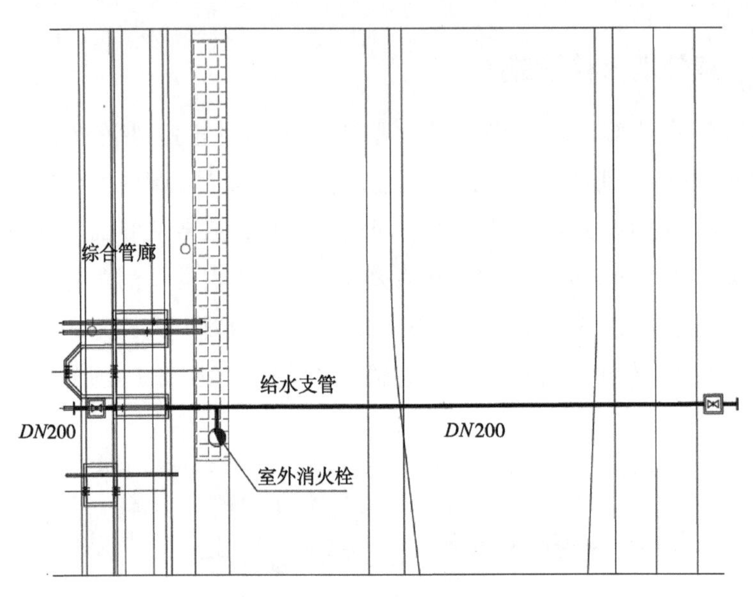

图 2-9　室外消火栓布置大样三

4.6　管道的防腐、标识

4.6.1　管道防腐

给水、再生水管道采用金属材质时应采取防腐措施。

钢管及管件内防腐可采用水泥砂浆内衬、聚乙烯、环氧树脂、溶剂型环氧钛白漆、环氧陶瓷涂料、聚氨酯、互穿网络涂料等防腐，具体做法见现行国家标准《埋地给水钢管道水泥砂浆衬里施工及检测规程》T/CECS 10—2019、国家建筑标准设计图集《综合管廊给水、再生水管道安装》17GL301/82，内防腐材料应满足《生活饮用水输配水设备及防护材料的安全性评价标准》GB/T 17219—1998 要求。钢管及管件外防腐可采用聚乙烯、环氧煤沥青、环氧树脂、多层防腐、聚氨酯、聚脲、互穿网络涂料等防腐，具体做法见国家建筑标准设计图集《综合管廊给水、再生水管道安装》17GL301/81，宜采用加强级外防腐。钢管接口内外防腐做法见国家建筑标准设计图集《综合管廊给水、再生水管道安装》17GL301/83。

球墨铸铁管及管件内防腐可采用水泥砂浆内衬、水泥砂浆内衬＋密封涂层等防腐，具体做法见国家建筑标准设计图集《综合管廊给水、再生水管道安装》17GL301/85，内防腐材料应满足《生活饮用水输配水设备及防护材料的安全性评价标准》GB/T 17219—1998 要求。球墨铸铁及管件外防腐可采用锌涂层＋树脂终饰层、锌层加高氯化聚乙烯层等防腐，具体做法见国家建筑

标准设计图集《综合管廊给水、再生水管道安装》GJBT—1451/84，宜采用加强级外防腐。

4.6.2 管道标识

纳入综合管廊的管线，应采用符合管线管理单位要求的标设进行区分，并应标明管线属性、规格、流向、产权单位名称、紧急联系电话，再生水管上应有严禁饮用警示标设。标识应设在醒目位置，间隔距离不应大于100m。

管道识别色可按表2-5中的规定执行。

综合管廊管道识别色　　表2–5

管道名称	颜色
给水管道	淡绿色（G02）
再生水管道	天酞蓝色（PB09）
消防管道	朱红色（R02）

4.7 管道的支（吊）架、支墩等设置

给水、再生水管道应根据管廊断面、管径大小、管道布置、管道材料、运行工况、管道连接方式等确定支撑形式，可采用支（吊）架、支墩。

当采用柔性接口时，应在推力产生处设置支墩或支座等措施或采用自锚式接口。

在抗震设防烈度不低于6度地区，纳入综合管廊内的管线支架均应进行抗震设计，管道支撑的形式、间距、固定方式应通过计算确定，并应符合现行国家标准《给水排水工程管道结构设计规范》GB 50332—2002、《建筑机电工程抗震设计规范》GB 50981—2014的有关规定。非整体连接管道在垂直和水平方向转弯、分支、管道端部堵头以及管径变化等处设置的支（吊）架、支墩，应根据管径、转弯角度、管道设计内水压力和接口摩擦力等因素确定。

管道支（吊）架与主体结构的连接，应固定在对应预埋件、锚固件上。

管道支撑（支墩、支吊架）做法见国家建筑标准设计图集《综合管廊给水、再生水管道安装》17GL301（该图集适用于抗震设防烈度不大于8度的综合管廊内给水管和再生水管道敷设与安装，超过8度应另行设计）。

4.8　管道的施工验收

给水、再生水管道的施工及验收、管道防腐、给水管冲洗和消毒应符合现行国家标准《给水排水管道工程施工及验收规范》GB 50268—2008、《给水排水构筑物工程施工及验收规范》GB 50141—2008、《工业金属管道工程施工质量验收规范》GB 50184—2011、《工业设备及管道防腐蚀工程施工质量验收规范》GB 50727—2011 的规定。对于采用支、吊架安装的给水、再生水管道的施工及验收，还应符合现行国家标准《建筑给水排水及采暖工程施工质量验收规范》GB 50242—2002 的有关规定。

给水管道与再生水管道试验压力及水压试验要求应符合现行国家标准《给水排水管道工程施工及验收规范》GB 50268—2008 的有关规定。

给水管安装后应进行冲洗和消毒，经检验水质合格后才能投入运行。

5 排水管渠设计

5.1 一般规定

5.1.1 纳入综合管廊的排水管（渠）的设计使用年限不应低于50年。

5.1.2 排水管渠设计应与城市总体规划、综合管廊工程专项规划、城市管线综合规划、雨水（含海绵城市、城市防涝综合专项规划）及污水专项规划等上位规划相协调。

5.1.3 排水管渠设计应满足城市雨水（含海绵城市、城市防涝综合专项规划）及污水专项规划、综合管廊工程专项规划、综合管廊沿途地块和用户需求。

5.1.4 纳入综合管廊的排水管渠应采用分流制，宜采用重力流。

5.1.5 排水管渠入廊应综合考虑路面高程、排水管道规划高程、坡度和综合管廊竖向高程，因地制宜地实施排水管渠入廊。

5.1.6 雨水管渠、污水管道的设计流量、断面尺寸及形状、坡度、充满度、流速、设计重现期等工艺设计应符合现行国家标准《室外排水设计标准》GB 50014—2021的有关规定。

5.1.7 排水管渠应按远期规划最高日最高时设计流量确定断面尺寸，并按近期流量校核流速，同时考虑远景发展的需要和为排水管道远景改造预留空间。

5.1.8 综合管廊内的压力排水管道宜仅具有对雨污水的输送功能，中途不宜收集雨污水。

5.1.9 污水管道纳入综合管廊应采用管道排水，污水管道宜设置在综合管廊的底部。雨水管渠纳入综合管廊可采用管道排水，也可利用管廊结构本体采用渠道排水的方式。

5.1.10 排水管渠纳入综合管廊前，宜设置沉泥槽，并应设置检修闸门或闸槽。

5.1.11 接入综合管廊污水管道的水质应符合现行国家标准《污水排入城镇下水道水质标准》GB/T 31962—2015等有关标准的规定。

5.1.12　综合管廊内雨水管渠的雨水控制和利用工程设计，应符合现行国家标准《室外排水设计标准》GB 50014—2021 和《建筑与小区雨水控制及利用工程技术规范》GB 50400—2016 的有关规定。

5.2　排水管渠布置及设计

5.2.1　排水管渠布置

1. 排水管渠在综合管廊内布置位置

入廊的排水管渠在综合管廊内布置位置根据综合管廊横断面设计综合确定。

排水管道宜布置在综合管廊的底部，污水管宜独立设舱室布置。

利用综合管廊结构本体输送雨水时，可采用独立舱室或采用渠道与其他管道共舱。

雨水、污水管舱布置示意如图 2-10 ~图 2-13 所示及国家建筑标准设计图集《综合管廊工程总体设计及图示》17GL101/9、15、17、20、21、22。

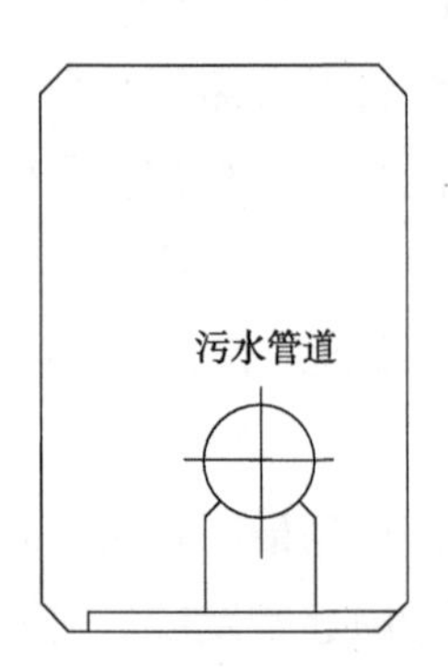

图 2-10　污水管舱布置图一

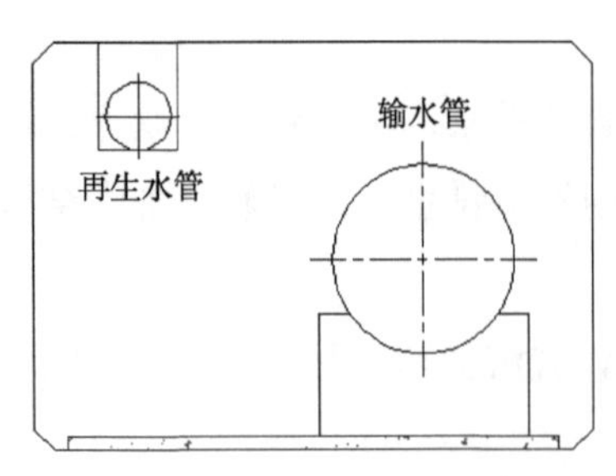

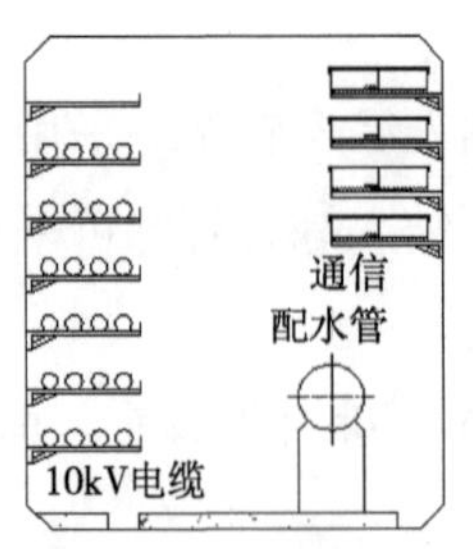

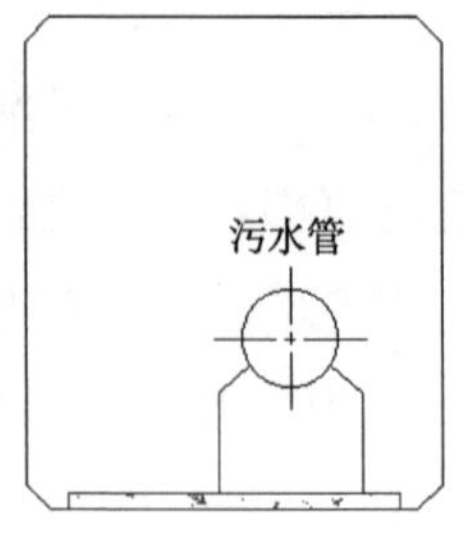

图 2-11　污水管舱布置图二

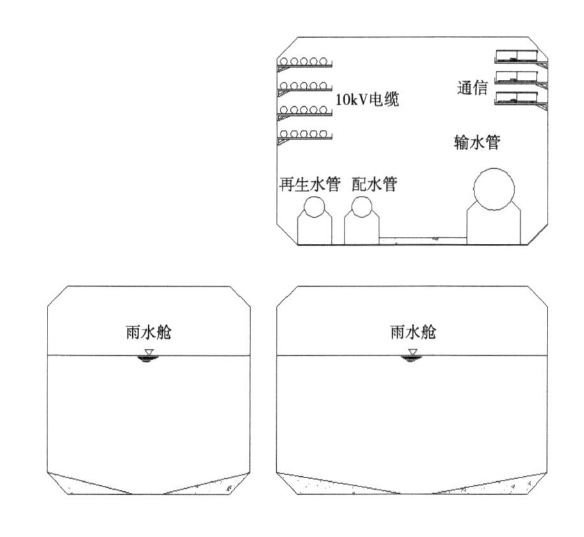

图 2-12 雨水舱布置图

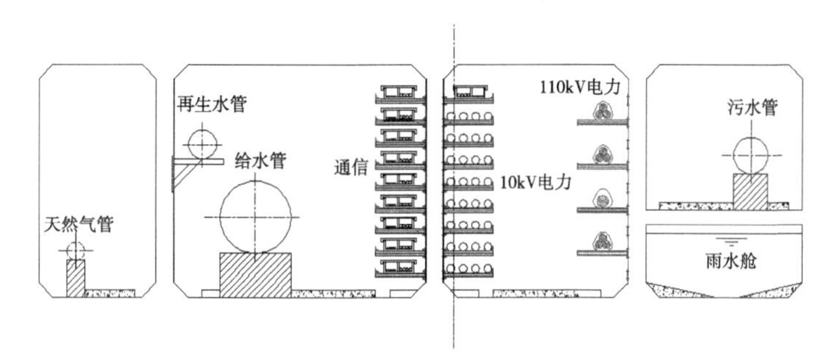

图 2-13 雨水、污水管舱布置图

2. 排水管道在管廊内的安装净距

排水管道在管廊内的安装净距应满足现行国家标准《城市综合管廊工程技术规范》GB 50838—2015 的要求，具体详见本书第 2 部分中 4.2 节。

排水管道与给水、再生水管道交叉时，均应位于给水、再生水管道的下面。

排水管道与其他管线交叉时的最小垂直净距不宜小于 0.15m。

标准横断面图中沿管廊纵向布置的排水干管上方宜有不小于 0.8m 的空间。

3. 管渠平面及纵向布置

重力流管渠平面及纵向布置与综合管廊线型宜保持一致，尽可能实现与综合管廊同坡布置，排水当受地形条件限制，综合管廊坡度无法满足排水管渠坡度要求时，局部排水管可与综合管廊非同坡布置。

5.2.2　排水管渠设计

1. 管渠断面尺寸确定

排水管渠设计水量、断面尺寸及形状、坡度、充满度、流速、设计重现期等参数设计应符合现行国家标准《室外排水设计标准》GB 50014—2021 的规定，并应符合下列规定：

（1）污水管渠应按规划最高日最高时设计流量确定其断面尺寸，并应按近期流量校核流速，同时考虑远景发展的需要。

（2）重力流污水管道应按非满流计算。

（3）雨水管渠按满流计算。当采用渠道方式输送雨水时宜设置预留断面；当采用独立雨水舱明渠输送雨水时，明渠超高不得小于 0.5m。

（4）纳入综合管廊的重力流排水管道管径不宜大于 2m，污水管管径不宜小于 *d*400，雨水管管径不宜小于 *d*500。

2. 沿途预留支管及管径

中等城市及以上城市综合管廊沿途预留街坊污水支管管径不宜小于 *d*400，预留街坊雨水支管管径不宜小于 *d*500，街坊支管间距一般为 120 ~ 240m。

小城市及以下城镇综合管廊沿途预留街坊污水支管管径不宜小于 *d*300，预留街坊雨水支管管径不宜小于 *d*500，街坊支管间距一般为 120 ~ 240m。

3. 重力流排水渠应考虑外部排水系统水位变化、冲击负荷等对综合管廊内排水管渠运行安全的影响。

（1）适当提高进入综合管廊的雨水管渠、污水管道设计标准，保证管道运行安全。

（2）可考虑在综合管廊外上、下游雨水系统设置溢流或调蓄设施以避免对管廊的运行造成危害。

4. 综合管廊顶板处应设置供排水管道及附件安装用的吊钩、拉环或导轨。吊钩拉环间距不宜大于 6m。

5. 雨水、污水管道系统应严格密封。

6. 利用综合管廊结构本体排除雨水时，雨水舱结构空间应完全独立和严密，并应采取防止雨水倒灌或渗漏至其他舱室的措施。

7. 当采用独立舱室或采用管渠与其他管道共舱输送雨水时，应设置独立的雨水检修口，不得与其他舱室共用。

8. 综合管廊内排水管渠的检查井等节点的设置，可根据功能结合投料口、排风口等口部节点设置，但应避开进风口。

9. 敷设排水管渠的舱室，逃生口间距不宜大于400m。

10. 不同直径的管道在检查井内的连接，宜采用管顶平接或水面平接。

11. 排水管道转弯和交接处的水流转角不应小于90°。

12. 排水管应直线敷设，当遇到需要折线敷设时，应采用柔性连接，其允许偏转角应满足相关规定。

13. 压力排水管道进出综合管廊时，应在综合管廊外部设置阀门及阀门井。

14. 压力排水管道应考虑水锤影响，并采取消减水锤的措施。

15. 压力排水管道接入自流管渠时，应有消能设施。

16. 纳入综合管廊的排水管和附属构筑物应保证其严密性。

17. 排水管道穿越防火隔断部位应采用堵火包等防火封堵措施。

5.3 排水管管材及连接方式

1. 排水管管材

排水管道可选用钢管、球墨铸铁管、塑料管等。输送腐蚀性污水的管道、接口及检查井等应采用耐腐蚀材料。重力流排水管道应选择能承受一定内压的管材，排水管道的公称压力不宜低于0.2MPa。

钢管采用Q235B钢管，钢管壁厚应根据计算确定，钢管壁厚可按表2-6取值。

压力流球墨铸铁管可采用K9级球墨铸铁管，重力流球墨铸铁管可采用K9级、C级球墨铸铁管或排水专用球墨铸铁管。

钢制管道壁厚建议取值　　表2-6

序号	管径（mm）	壁厚（mm）
1	$100 \leqslant DN \leqslant 250$	6
2	$250 < DN \leqslant 500$	8
3	$600 < DN \leqslant 1000$	10
4	$1000 < DN \leqslant 1200$	10～12
5	$1200 < DN \leqslant 1400$	12～14
6	$1400 < DN \leqslant 1600$	14～16

注：表内壁厚仅供管道支墩间距6m时参考，应根据实际情况计算确定。

2. 排水管连接方式

钢管连接方式：管径不大于 *DN*300 时可采用刚性沟槽、承插口连接；管径为 *DN*400 ~ *DN*800 时可采用法兰、承插口连接；管径大于 *DN*800 时采用焊接刚性接口、承插口连接，现场接口焊接宜采用氩弧焊打底，焊缝应进行 100% 超声波或 X 射线探伤检查。

球墨铸铁管（用于压力流）连接方式：柔性接口（承插口连接）、自锚式接口、法兰连接。

球墨铸铁管（用于重力流）连接方式：柔性接口（承插口连接）。

塑料管连接方式：热熔、法兰、粘接连接。

5.4　排水管渠附属设施设置

纳入综合管廊的排水管渠应根据要求设置检查井、检查口、清扫口、检修闸门 / 闸槽、雨水口、排气阀、排空装置等附属构筑物。

5.4.1　检查井 / 检查口及清通 / 清淤设施

雨水渠道的检查及清通设施应满足渠道检修、运行和维护的要求，重力流管道并应考虑外部排水系统水位变化、冲击负荷等情况对综合管廊运行安全的影响。

雨水、污水管道的检查及清通 / 清淤设施应满足管道安装、检修、运行和维护的要求。

综合管廊内排水管渠应根据需要设置检查井或检查口。压力排水管应设置压力检查口。重力流排水管道的检查井或检查口应根据需要设置，一般应设在转弯处、管径或坡度改变处、支管接入以及直线管段上每隔一定距离处。雨水渠每隔一定距离宜设尺寸较大的清淤检查口。

利用管廊结构本体的雨水舱或设于舱内雨水管，有支管接入或直线管段上每隔一定距离处设置地面检查井，其余检查井可采用检查口或内置式检查井；污水管道宜在支管接入或直线管段上每隔一定距离处设置地面排水检查井，其余检查井可采用密封式检查口或内置式检查井。

排水管渠检查井或检查口间距应根据清通方法、清淤方式和排气、检修等要求确定，并应符合国家标准《室外排水设计标准》GB 50014—2021 要求，同时结合综合管廊总体设计确定检查井节点位置。

检查口或内置式检查井应严格密封，必要时设通气管排出管廊外且在检

查口或内置式检查井处设置供管道清通设备使用的用电插座。

污水检查井的设置通常兼具多种作用，如支管接入、通气、检修和清通等。入廊污水检查井设置可采用以下两种形式：

1. 采用类似市政排水做法（图 2-14 ~图 2-18）。每隔一定距离在管廊污水管上设置地面污水检查井，可采用成品检查井或钢筋混凝土井，污水检查井直接伸出地面，支管接入检查井，管道堵塞可从管廊外部进入检查井进行疏通，排气直接从井盖排气孔排除。此种做法将检查井口全部设置在管廊外部，保障了污水管的正常使用和维修，但会造成污水管舱空间利用率较低，且检查井设置较多，影响了管廊的结构整体性。

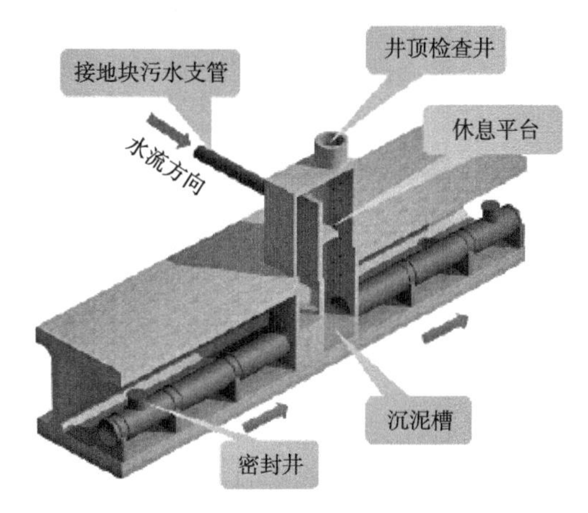

图 2-14　有支管接入主管上设地面检查井示意图一

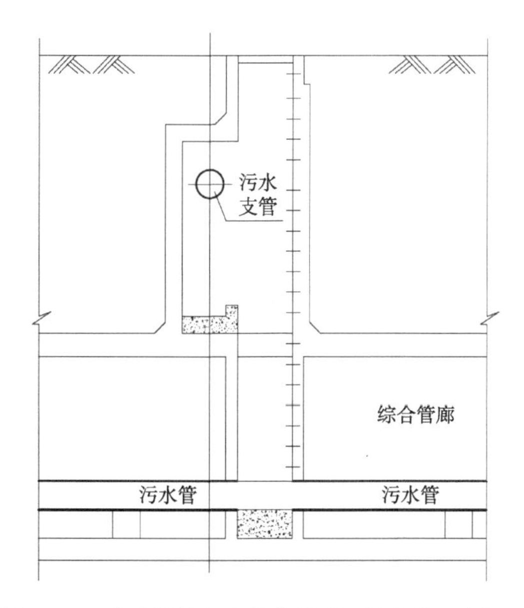

图 2-15　有支管接入主管上设地面检查井示意图二

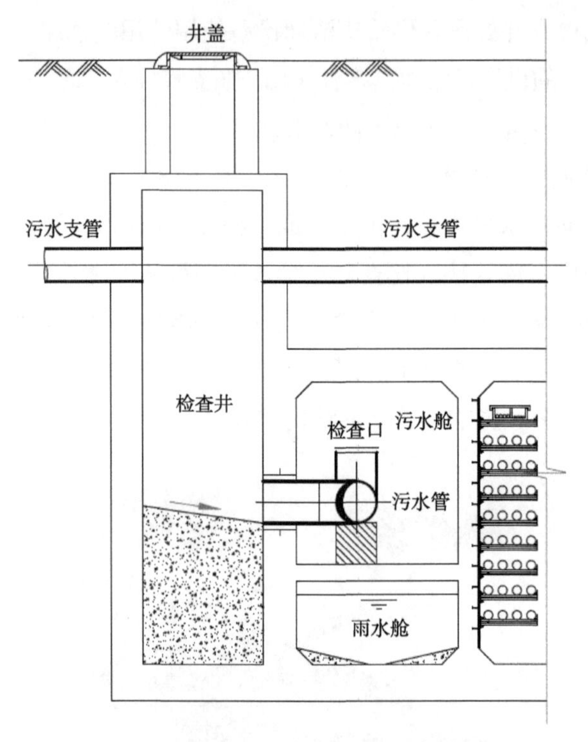

图 2-16　有支管接入主管上设地面检查井示意图三

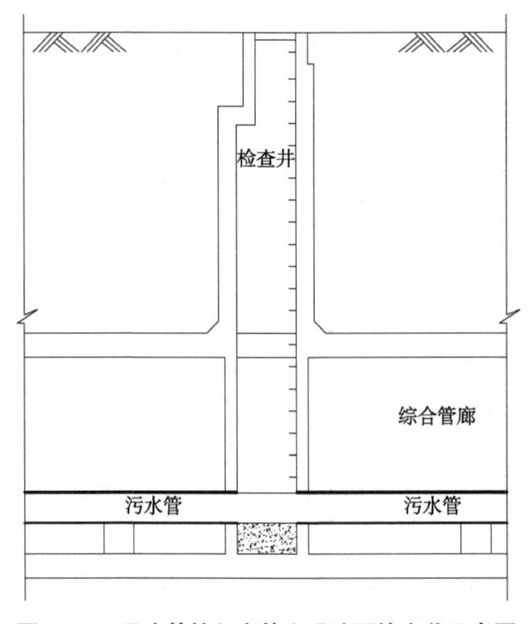

图 2-17　无支管接入主管上设地面检查井示意图

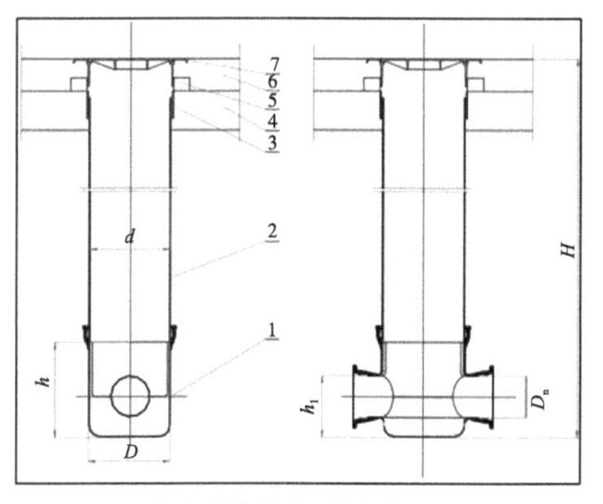

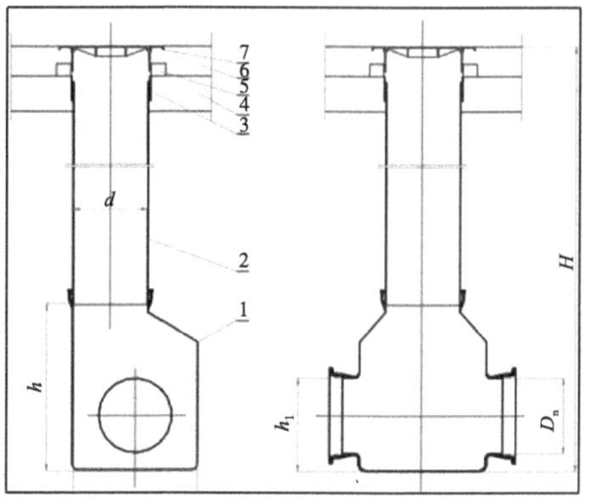

（a）直筒式球墨铸铁检查井　　（b）收口式球墨铸铁检查井

图 2–18　地面球墨铸铁检查井示意图

1–井室；2–井筒；3–挡圈；4–垫层；5–支撑圈；6–路面；7–井圈井盖

2. 采用每隔一定距离在管廊内设置立体三通 + 法兰盲盖密封式内置检查井（图 2-19），起到检查口与清通口功能，还可兼顾污水支管与主管的联通口。此种做法可在管廊舱内完成污水管检修和清通，减少地面检查井数量，但污水管需清通时可能会出现污水溢流，对管廊卫生环境造成影响。

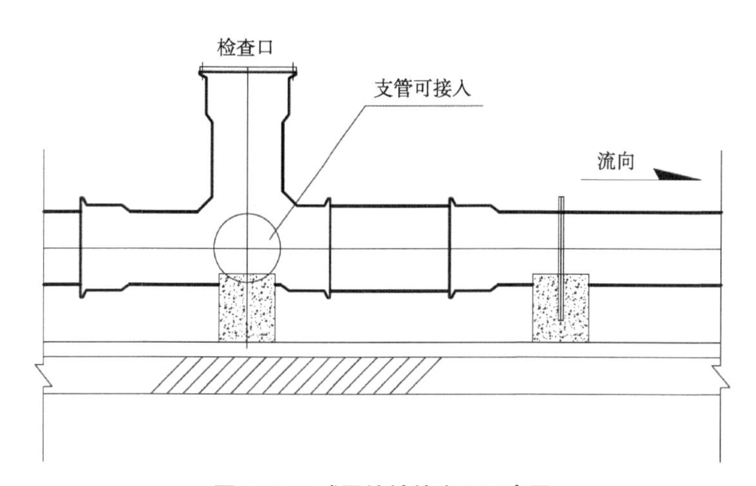

图 2–19　球墨铸铁检查口示意图

根据两种做法的特点，建议在工程设计中根据实际情况综合两种方式混合或单独设置，地面检查井间距不宜大于 200m，检查井或检查口最大间距按《室外排水设计标准》GB 50014—2021 执行，地面检查井的井筒、井盖规格均采用 *D*800。

单独成舱的雨水渠可在顶部设直通地面的检查井；雨水渠上部有污水舱

或其他舱时，可在管廊侧面设直通地面的检查井，沿途雨水支管直接接入雨水检查井，做法如图 2-20 所示，在没有支管接入处也可设置压力式检查口或密封式检查口（带法兰盖）。

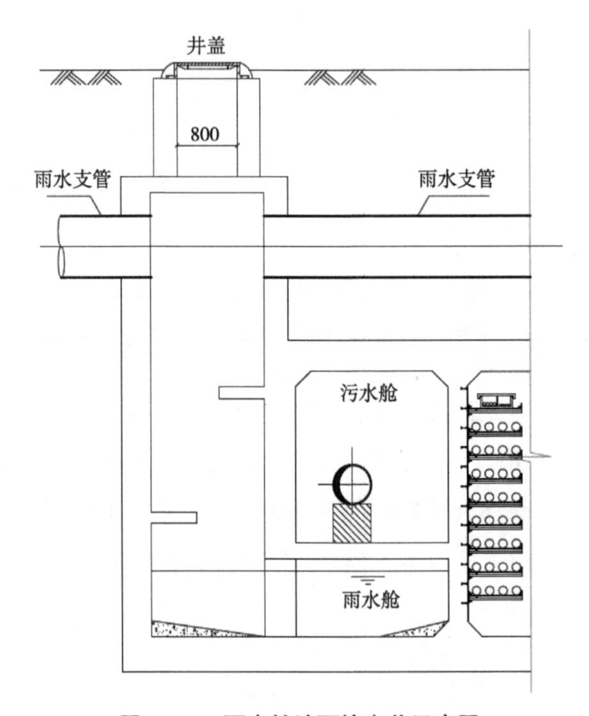

图 2-20　雨水舱地面检查井示意图

接入综合管廊内同一检查井的支管（管径≥ 300mm 时）数量不宜超过 3 条。

检查井的井口、井室应满足养护和维修的要求，爬梯和脚窝的尺寸、位置应便于检修和上下安全。

检查井井底宜设置流槽，其设计应符合现行国家标准《室外排水设计标准》GB 50014—2021 的有关规定。

检查井其他做法按现行国家标准《室外排水设计标准》GB 50014—2021、国家建筑标准设计图集《市政排水管道工程及附属设施》GJBT—975 执行。

5.4.2　检修闸门 / 闸槽 / 阀门

排水管渠入廊后仍需按直埋敷设一样，每隔一定距离设置接户支管，故排水管渠进入综合管廊前或排水主管沿途每隔一定距离设置检修闸门或闸槽，以满足检修、清通、冲洗要求。

重力流污水管进入综合管廊前应设沉泥井，雨水管渠进入综合管廊前

宜设沉泥井。在实际工程设计中，可将沉泥井与检修闸门或闸槽结合设置，即将检修闸门或闸槽井底部下降一定高度（可取 0.6m），达到沉泥作用，闸槽井作法见国家建筑标准设计图集《市政排水管道工程及附属设施》GJBT—975。

压力流排水管道进出综合管廊前应在综合管廊外部设置阀门井及阀门。压力流排水干管上阀门设置间距一般为 500 ~ 1000m。管径 $DN > 600$ 时，管线上阀门宜采用法兰式蝶阀；$DN \leqslant 600$ 时，管线上阀门宜采用软密封闸阀或旋塞阀。

5.4.3 补偿接头的设置与选择

整体连接的压力排水管道应根据管道伸缩量间隔一定距离单独或结合阀门位置安装补偿接头。

压力排水管道上 *DN*300 及以上口径阀门在与管道连接时宜设置补偿接头，根据情况选择传力型或防拉脱型补偿接头。

5.4.4 自动冲洗设施

排水管渠在坡度较小或在倒虹吸管处时，可以增加自动冲洗设施减少管底淤积。

1. 污水管上增设拦蓄盾装置

当纳入管廊的污水管坡度小（坡度小于 0.001）或在倒虹吸管处时，会造成管渠内淤堵等问题，设计时可考虑在坡度较小的管道上每隔一定距离或在倒虹吸管前增设拦蓄盾装置定时对污水管进行自动冲洗。拦蓄盾装置由专业厂家配套提供，该装置通过设定的时间、上游液位信号自动控制液压杆关闭和开启拦蓄盾，实现对壅水和蓄水的可控，对排流进行时间有限的滞留，然后利用所蓄的水来自动对管道进行冲洗。拦蓄盾工作原理如图 2-21 和图 2-22 所示。

根据冲洗污水管管径和冲洗长度，由专业设备厂家确定冲洗水量和冲洗水头，并提供方案图纸满足设计要求。

当无资料时，可参考表 2-7 和表 2-8 确定管道一定冲洗长度时的冲洗水量和冲洗水头。对于管道预防性自冲洗，最小剪切力 ≥ $3N/m^2$。通过查表 2-7 和表 2-8，例如：*DN*2000 管道冲洗长度为 706m，所需冲洗水量为 $225m^3$，上游液位为 135cm。

某工程中 *DN*500 管、冲洗 500m 拦蓄盾布置图如图 2-23 和图 2-24 所示。

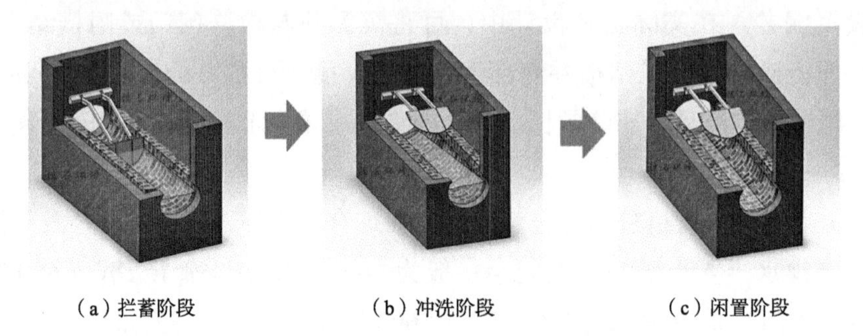
（a）拦蓄阶段　（b）冲洗阶段　（c）闲置阶段

图 2-21　直管段拦蓄盾工作原理示意图

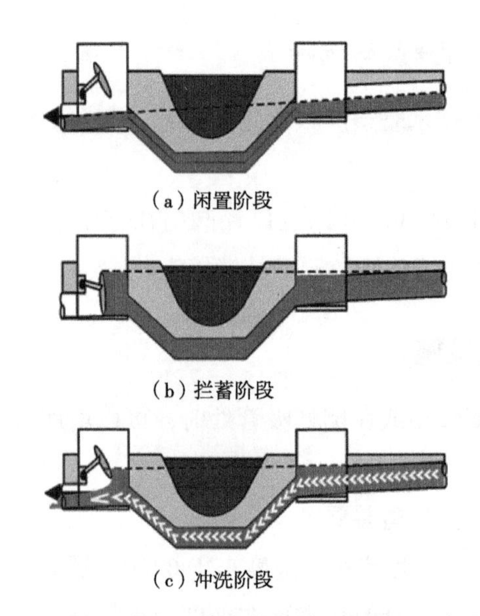
（a）闲置阶段

（b）拦蓄阶段

（c）冲洗阶段

图 2-22　倒虹吸管段拦蓄盾工作原理示意图

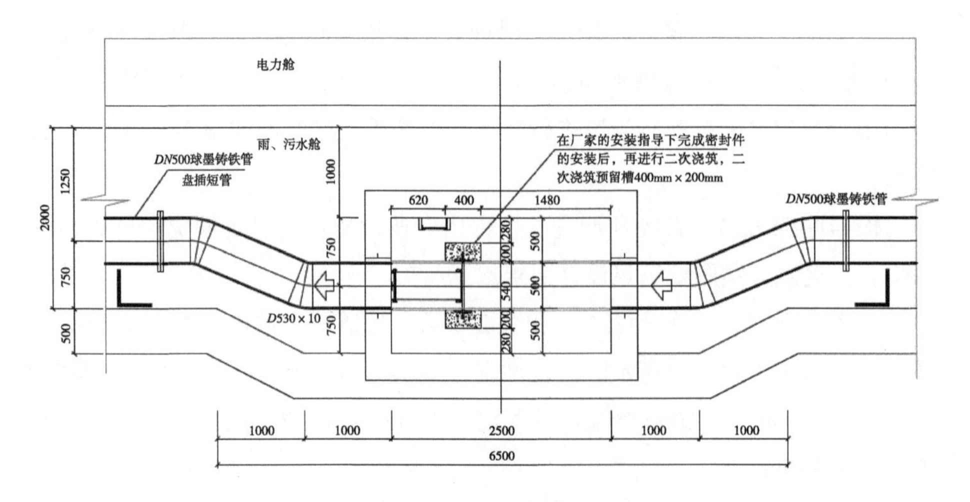

图 2-23　*DN*500 管、冲洗 500m 拦蓄盾布置图

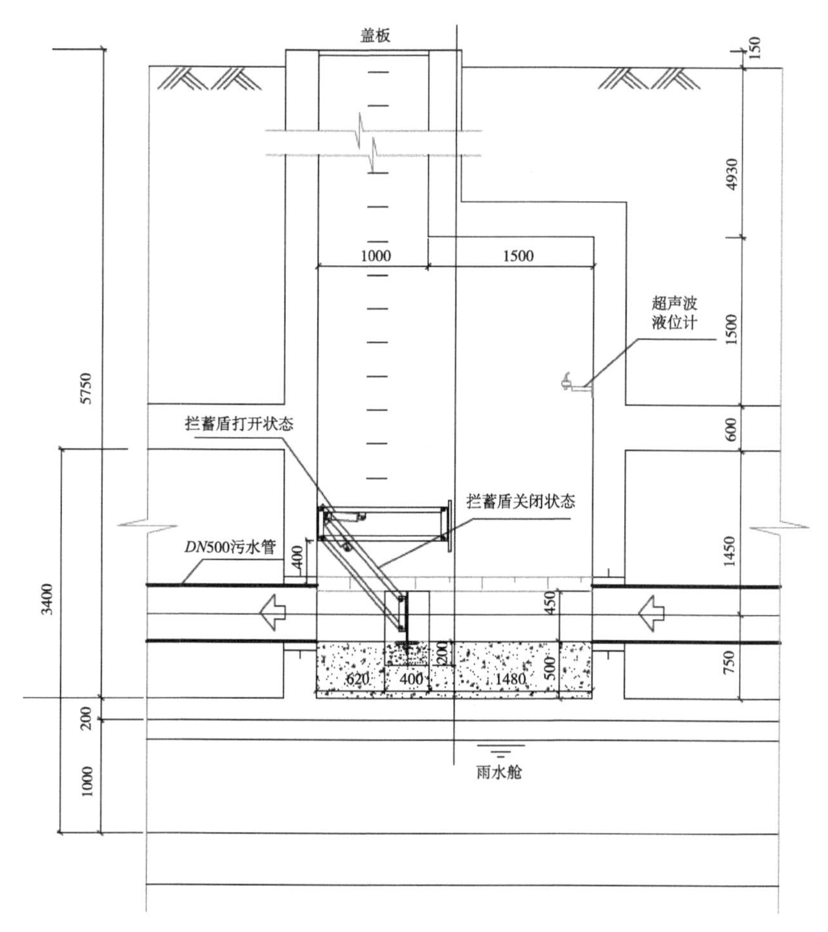

图 2-24　*DN*500 管、冲洗 500m 拦蓄盾剖面图

2. 雨水管渠上增设真空冲洗设施

当纳入管廊的雨水管渠坡度小时，会造成管渠内淤堵等问题，设计时可考虑每隔一定距离增设真空冲洗设施对雨水管渠进行自动冲洗。

真空冲洗设施主要包括：真空泵系统、钢筋混凝土水箱。需要冲洗时，开启真空泵，使钢筋混凝土水箱形成真空而进水，当水位上升至一定高度时，水位计给出信号，让水箱顶部隔膜阀打开水箱进气，水箱的水迅速排向雨水管渠而达到冲洗效果，如图 2-25 ~图 2-27 所示。该系统具有如下特点：

（1）生态清洗，无需外来水源。

（2）没有淹没移动部件，维护简单。

（3）高达 7m 水头的能量，具有极佳的冲洗效果。

（4）冲洗距离超长，可达 600m 以上。

（5）自动操作，可远程控制。

冲洗水量表

表 2-7

管径（mm）＼冲洗长度（m）	冲洗水量（m^3）																
	100	200	300	400	500	600	700	800	900	1000	1100	1200	1300	1400	1500	1600	1700
*DN*400 ~ *DN*700	11		$\tau_0 < 3N/m^2$														
*DN*800	12																
*DN*900	13	27															
*DN*1000	14	30															
*DN*1200	16	34	51														
*DN*1300	17	31	56	79													
*DN*1400	18	36	53	86													
*DN*1500	19	35	56	83	113												
*DN*1600	20	37	59	88	122	159											
*DN*1800	21	38	63	93	129	170	200										
*DN*1900	21	33	65	98	123	165	213	265									
*DN*2000	22	34	59	90	128	174	225	263	322								

冲洗水头表

表 2-8

管径（mm） \ 冲洗长度（m）	冲洗水头（cm）																
	100	200	300	400	500	600	700	800	900	1000	1100	1200	1300	1400	1500	1600	1700
DN400 ~ DN800	50		$\tau_0 < 3N/m^2$														
DN900	50	70															
DN1000	50	70															
DN1200	50	70	85														
DN1300	50	65	85	100													
DN1400	50	65	80	100													
DN1500	50	65	80	95	110												
DN1600	50	65	80	95	110	125											
DN1800	50	65	80	95	110	125	135										
DN1900	50	60	80	95	105	120	135	150									
DN2000	50	60	75	90	105	120	135	145	160								

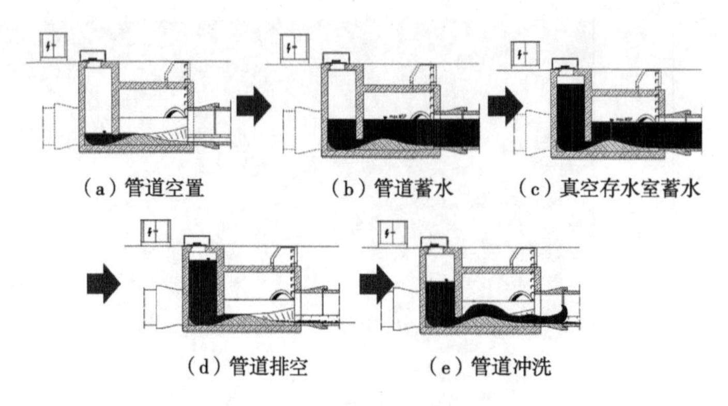

图 2-25　雨水真空冲洗系统工作原理

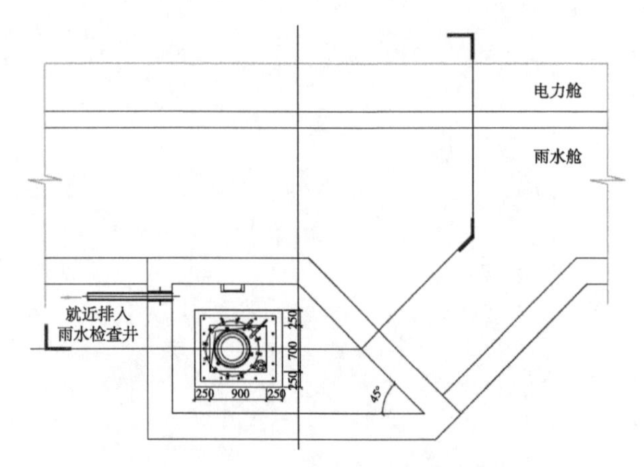

图 2-26　雨水真空冲洗系统布置图

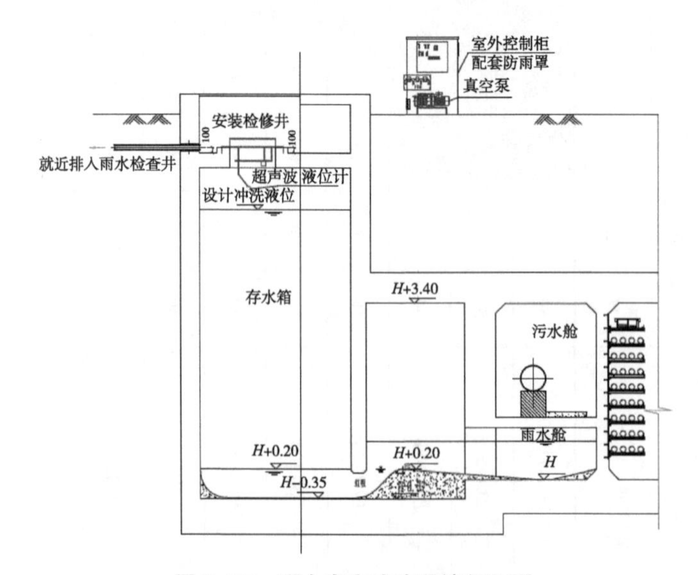

图 2-27　雨水真空冲洗系统剖面图

5.4.5 通气和通风装置

雨水、污水管道应考虑通气装置，通气装置应直接引至管廊外部安全空间，并应与周边环境协调。

压力排水管道高点或每隔一定距离处应设自动排气阀，污水压力管道上排气阀可采用污水复合排气阀，做法参见第 2 部分 4.5.2。

重力流排水管道在倒虹管、长距离直线输送后变化段宜设通气装置。重力流管渠的通气一般结合检查井一同设置，直通地面由检查井盖上孔通气，内置检查井或检查口，设置专用通气管引至管廊外部。

设有污水管道的舱室应采用机械进、排风的通风方式。

利用通气装置排出气体，并应符合下列规定：

1. 可结合综合管廊的排风口设置，确保气体顺畅地排出。

2. 当排至综合管廊以外的大气中时，其引出位置应协调周边环境，避开人流密集或可能对环境造成影响的区域。当采用通气管伸出地面时，其高度不宜低于 2.0m。

5.4.6 排空装置

综合管廊内的排水管渠应根据管道布置设置排空装置以便于检修，排空装置应设置于管渠的低点以及每隔一定距离处，并应尽量通过未入管廊的下游管道进行，或排至周边的排水管道。

污水 / 雨水管道无法自流排出时，可通过廊内排水沟排至集水坑，通过泵提升排出。

压力排水管道应在管道低洼处及阀门之间管段低处设置泄水阀，做法参见第 2 部分 4.5.3 节。

5.4.7 防水套管设置与选择

污水 / 雨水管道穿越管廊壁时，应设置防水套管。

管道穿越管廊壁处需承受震动、管道伸缩变形或在抗震烈度为 6 度及以上地区时，穿管与防水套管间的缝隙内应填充柔性材料（如聚硫密封膏、油麻）或采用其他形式柔性防水套管。

5.5　排水管渠防腐及标识

5.5.1　排水管渠防腐

排水管道采用金属管道时应采取防腐措施。

钢管的内防腐可采用环氧粉末涂层、高铝酸盐水泥砂浆衬里、环氧陶瓷涂料、聚氨酯、互穿网络涂料、塑料材料衬里等，外防腐可采用环氧粉末涂层、聚乙烯、环氧煤沥青、环氧树脂、多层防腐、聚氨酯、互穿网络涂料等，并应符合相关标准的规定，宜采用加强级外防腐。钢管接口内外防腐做法参见国家建筑标准设计图集《综合管廊给水、再生水管道安装》GJBT—1451/83。

球墨铸铁管内防腐宜采用高铝酸盐水泥内衬、环氧陶瓷涂料、聚氨酯等，外防腐宜采用锌层加合成树脂终饰层、锌层加高氯化聚乙烯层的防腐措施等，并应符合有关标准的规定，宜采用加强级外防腐。

雨水渠过水部分、污水检查井及污水管附属构筑物内壁宜采取防腐措施，可采用涂刷水泥基、环氧涂料、互穿网络涂料等。

5.5.2　排水管渠标识

纳入综合管廊的管渠，应采用符合管渠管理单位要求的标识进行区分，并应标明管渠属性、规格、流向、产权单位名称、紧急联系电话。标识应设在醒目位置，间隔距离不应大于100m。

排水管道识别色可按表2-9中的规定执行。

综合管廊排水管道识别色　　表2–9

管道名称	颜色
污水管道	黑色（N-1.0）
雨水管道	淡棕色（YR01）

5.6　管道的支（吊）架、支墩等设置

排水管道应根据管廊断面、管径大小、管道布置、管道连接方式等确定支撑形式，可采用支（吊）架、支墩。

当采用柔性接口时，应在推力产生处设置支墩或支座等措施或采用自锚式接口。

在抗震设防烈度不低于6度地区，纳入综合管廊内的管线支架均应进行

抗震设计，管道支撑的形式、间距、固定方式应通过计算确定，并应符合现行国家标准《给水排水工程管道结构设计规范》GB 50332—2002、《建筑机电工程抗震设计规范》GB 50981—2014 的有关规定。非整体连接管道在垂直和水平方向转弯、分支、管道端部堵头以及管径变化等处设置的支（吊）架、支墩，应根据管径、转弯角度、管道设计内水压力和接口摩擦力等因素确定。

管道支（吊）架与主体结构的连接，应固定在对应预埋件、锚固件上。

当管径等于或小于 *DN*300 时可采用支架安装，当管径大于 *DN*300 时宜采用支墩固定安装，布置在管廊底部，并设置卡箍固定。

5.7 管渠的施工验收

排水管渠及其附属设施的施工及验收应符合现行国家标准《给水排水管道工程施工及验收规范》GB 50268—2008、《给水排水构筑物工程施工及验收规范》GB 50141—2008、《工业金属管道工程施工质量验收规范》GB 50184—2011、《工业设备及管道防腐蚀工程施工质量验收规范》GB 50727—2011 的有关要求。

为保证综合管廊内雨水、污水管道系统严密，管道应进行功能性试验，无压重力流排水管渠应进行闭水或闭气试验，综合管廊内排水管渠检查井或检查口应进行闭水试验。功能性试验应符合现行国家标准《给水排水管道工程施工及验收规范》GB 50268—2008 的有关规定。

压力管道应进行水压试验。设检查口或承压检查井的排水管应进行水压试验，工作压力不应低于 0.2MPa。排水管的试验压力应符合现行国家标准《给水排水管道工程施工及验收规范》GB 50268—2008 压力管道水压试验的有关规定。

6 管廊内部排水系统设计

6.1 综合管廊内应设置自动排水系统

综合管廊内应设置自动排水系统。

6.2 排水系统设计

6.2.1 综合管廊的排水区间长度不宜大于 200m。

集水坑宜结合吊装口、通风口布置，便于设备检修及临时抽水设备的使用、进出。

6.2.2 宜在综合管廊每个舱室底板单侧或两侧设置排水明沟，并通过排水明沟将综合管廊内积水汇入集水坑，排水明沟的坡度不宜小于 0.2%，明沟高度可取 0.10 ~ 0.20m，宽度可取 0.20 ~ 0.30m。排水明沟布置见国家建筑标准设计图集《综合管廊排水设施》17GL302。

6.2.3 应在综合管廊的低点设置集水坑及自动水位排水泵，每个防火分区宜单独设置集水坑且坑内排水泵宜采用 1 用 1 备，设有水管的舱当高水位时备用泵可投入工作。

电力舱、通信舱或天然气管等非水管舱室集水坑内排水泵流量可取 10 ~ 15m^3/h，设有水管的舱室当纳入水管管径 $DN < 600$ 时，集水坑内排水泵流量可取 20 ~ 25m^3/h，当纳入管径 $DN \geqslant 600$ 时，集水坑内排水泵流量可取 30 ~ 40m^3/h，水泵扬程根据计算确定。

集水坑有效容积应不小于单台最大水泵流量 5min 的停留时间，当一个集水坑内布置两台泵时坑的尺寸可取 1.6 ~ 2.0m（长）× 1.0 ~ 1.5m（宽）× 1.0 ~ 2.0m（高）；当一个集水坑内布置一台泵时，坑的尺寸可取 0.8 ~ 2.0m（长）× 1.0 ~ 1.5m（宽）× 1.0 ~ 2.0m（高）。

集水坑及水泵安装见国家建筑标准设计图集《综合管廊排水设施》17GL302。

在设有 $DN \geqslant 1000$ 水管舱室的管廊低洼处可考虑一些集水坑容积适当放

大或增加集水坑数量，用于管道检修放空时临时增加排水水泵。

集水坑水泵出水立管不宜布置在电力电缆支架外侧，当布置在电力电缆支架外侧时，出水立管采用可方便拆卸的安装方式（如：法兰连接）。

6.2.4 综合管廊的排水应就近接入城市排水系统，不宜接入雨水口，并应在排出管上设置逆止阀。

6.2.5 天然气管道舱应设置独立集水坑，当采用排水泵时，水泵应考虑防爆型电机。

集水坑还可以采用真空排水系统。系统由真空收集箱、真空管道、真空泵站、排水泵组成。管廊内的渗漏水沿着一定的坡度流入集水坑内，当集水坑内的水到达一定水位时，通过感应管触动控制器，真空阀自动打开，排水通过真空传输装置瞬间被吸入真空管网中。真空管网中的空气压差为系统提供动力，将排水输送至真空泵站的真空罐中，最终由排污泵排入市政管网。真空泵抽出的空气排入大气（图 2-28 和图 2-29）。真空排水系统可由专业厂家提供技术方案指导设计。

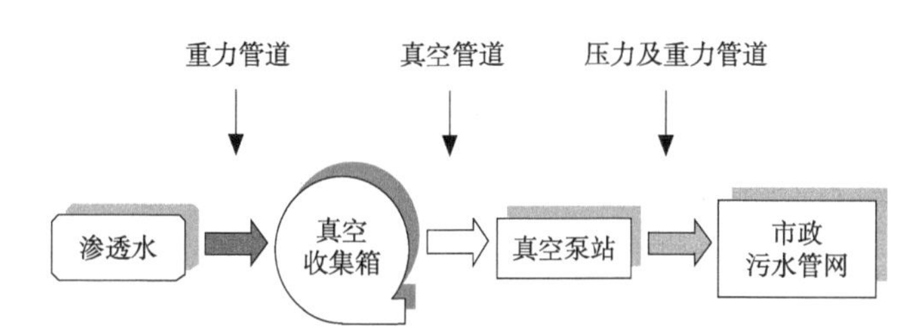

图 2-28 真空排水系统工作原理图

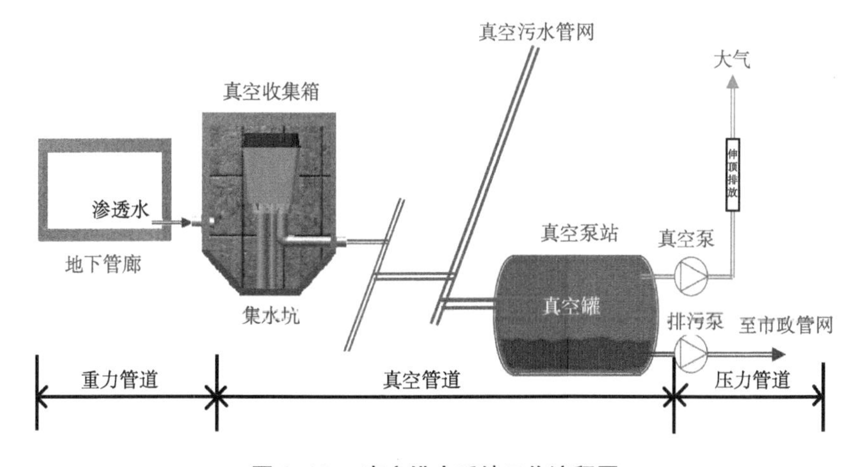

图 2-29 真空排水系统工作流程图

燃气舱集水坑内的水位达到一定液位时可瞬间被真空系统抽吸走，集水坑底部无淤积，没有安全隐患。真空管道管径小、坡度小可置于管廊内，真空管网施工便利，且后期检修方便。真空收集箱气动运行无需供电，整个真空系统只有在真空泵站处需要供电，便于管理且维护费用低，减少燃气舱的用电安全隐患。

6.2.6　排水系统集水坑宜设置液位报警器与液位继电器，宜满足高液位开泵、低液位停泵、超高液位报警。

6.2.7　管廊上部进风口、排风口、吊装口、逃生口、设备的夹层空间和无顶盖人员出入口、车辆进出口等处应设置有组织排水措施，保证进入的雨水能有效、及时排出。

6.2.8　连接两个或多个防火分区的排水管应采取措施（如水封、止回阀、鸭嘴阀等），实现每个防火分区的防火分隔。

6.2.9　综合管廊排出的废水温度不应高于40℃。

6.3　排水系统的施工验收

排水系统的施工及验收应符合现行国家标准《给水排水管道工程施工及验收规范》GB 50268—2008、《给水排水构筑物工程施工及验收规范》GB 50141—2008、《泵站设计规范》GB 50265—2010、《工业金属管道工程施工质量验收规范》GB 50184—2011、《工业设备及管道防腐蚀工程施工质量验收规范》GB 50727—2011的规定要求。

7 设计工程案例

成都天府新区兴隆 86 路综合管廊位于成都市天府新区，综合管廊布置在兴隆 86 路南侧绿化带、人行道及部分车行道下，设计起点桩号 K0+000，终点桩号 K4+530，总长约 5000m，工程费用是 4.22 亿元。

综合管廊主线段净空横断面尺寸为（2.0+2.8+3.4+1.65）m×3.4m，含一个雨污水舱、一个电力舱、一个电信舱和一个天然气舱；雨污水舱纳入 *DN*500 污水管道一根和雨水渠一条，电力舱纳入 10kV 电缆、*DN*600 输水管一根、*DN*400 配水管一根，电信舱纳入 *DN*600 再生水管道两根、通信电缆，天然气舱预留天然气管道的管位，本条管廊为全管线入廊干线综合管廊（图 2-30 和图 2-31）。

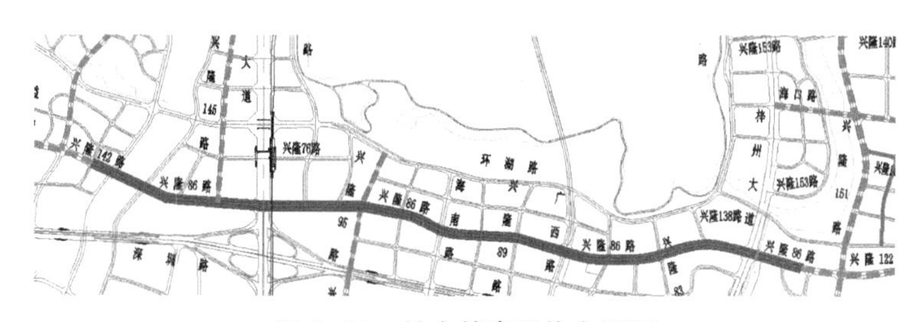

图 2–30 综合管廊总体布置图

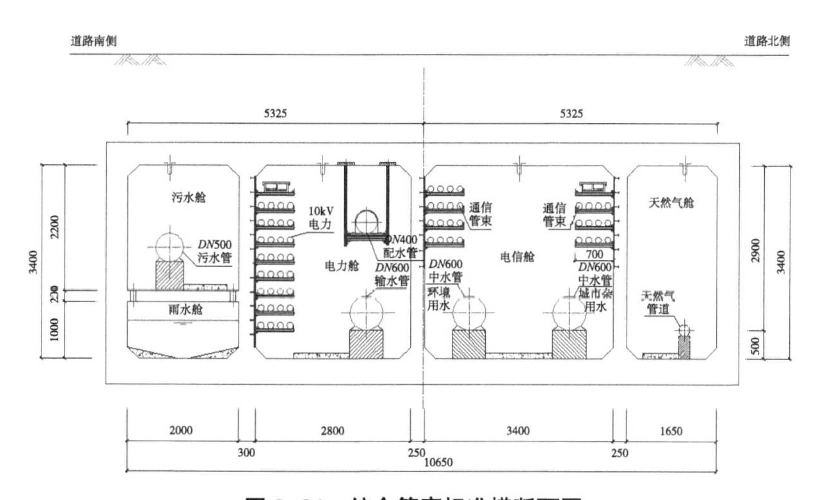

图 2–31 综合管廊标准横断面图

7.1　给水管道设计

1. 管道布置

兴隆86路全段输水管道和配水管布置于综合管廊电力舱内，输水管采用支墩架设，配水管道采用吊架敷设，输水管道中心距综合管廊内底0.80m，配水管道中心距综合管廊内底2.4m。

2. 管径

综合管廊内输水管管径为$D630 \times 10$。

综合管廊内配水管管径为$D420 \times 10$。

综合管廊外给水预留支管（含标准段和路口段）管径为$D219 \times 6$ ~ $D325 \times 8$。

3. 管材、接口及防腐

本工程综合管廊内给水管采用Q235B螺旋焊接钢管；综合管廊外预留给水支管除消火栓处采用球墨铸铁管，其余均采用Q235B螺旋焊接钢管。钢管均采用焊接，焊缝应进行超声波检测。钢管在防腐前应对其内外采用石英砂喷砂除锈，钢管表面处理标准为Sa2.5级。

钢管及管件内防腐采用满足饮用水卫生要求环氧陶瓷内衬（GH 102型），涂层厚度≥400μm；外防腐采用环氧煤沥青冷缠带（PRC型），架空管道涂层厚度≥600μm，埋地管道采用加强级防腐，涂层厚度≥800μm。

管廊内给水管外防腐颜色：蓝色。

4. 阀门、排气阀、排水阀

在给水支管及不超过5个消火栓前后主管上设检修阀门。管廊内给水主管阀门均采用软密封法兰蝶阀（不锈钢暗杆），并配一体化电动头，管廊外其他阀门当管径≤300时采用软密封法兰闸阀（不锈钢暗杆），管径>300时采用软密封法兰蝶阀（不锈钢暗杆）。

在主管的隆起点设排气阀，*DN*150管上设*DN*50排气阀，*DN*200 ~ *DN*600管上设*DN*80排气阀，排气阀采用CARX复合式排气阀。

在主管的低凹处设排水阀，*DN*150 ~ *DN*300管上设*DN*100排水阀，*DN*400 ~ *DN*600管上设*DN*200排水阀，排水阀采用软密封闸阀，检修时管道排水直接排入集水坑。

5. 管道支墩

架空在底板上的输水管每隔5m设混凝土及管卡固定支墩。在纵向转弯弯头和阀门前后处增设钢筋混凝土固定墩。吊在顶板上的配水管每隔3m设

管道吊架，在纵向转弯弯头和阀门前后需加密吊架。

6. 管道压力及试压

管道设计工作压力 1.0MPa，水压试验压力 1.5MPa。管道应进行水压试压，试压距离不超过 1km，试压前应严格按照规范要求，做好堵板、后背和固定措施，阀门伸缩节做好防拉脱措施，避免发生事故。

给水管道在交付使用前应进行冲洗，并进行消毒处理，经有关部门取样检验水质合格后方可交付使用。

7. 消火栓设置

沿道路每隔 90 ~ 120m（一般为 120m）设室外地下式消火栓（球墨铸铁材料消火栓），消火栓中心距车道边距离不大于 2m，布置于人行道下，本工程消火栓为单侧布置。

8. 管廊外给水阀门井及井盖选用

给水阀门井均采用矩形钢筋混凝土给水阀门井，具体选用尺寸及结构详见《市政给水管道工程及附属设施》07MS101-2。

阀门井井盖位于机动车道的采用 *D*400 型球墨铸铁材料井盖（承重荷载 ≥ 400kN），且带防盗降噪措施；位于非机动车道和绿化带的采用 C250 型球墨铸铁材料井盖（承重荷载 ≥ 250kN），且带防盗降噪措施。井盖做法及要求详见《检查井盖》GB/T 23858—2009。位于绿化带的井盖采用 ϕ700 圆形井盖，位于人行道的井盖可根据后期景观工程的要求进行调整，采用方形不锈钢钢板与不锈钢角钢框密焊井盖，其内部纹路色泽同人行道一致，并在井上对应刻字以明确管线类别。

7.2 再生水管道设计

1. 管道布置

兴隆 86 路全段再生水管道布置于综合管廊电信舱内，再生水管采用支墩架设，管道中心距综合管廊内底 0.80m。

2. 管径

综合管廊内再生水管（环境用水）管径为 $D630 \times 10$。

综合管廊内再生水管（城市杂用水）管径为 $D630 \times 10$。

综合管廊外中水预留支管（含标准段和路口段）管径为 $D159 \times 6$ ~ $D325 \times 8$。

3. 管材、接口及防腐

本工程综合管廊内再生水管采用 Q235B 螺旋焊接钢管；钢管均采用焊

接，焊缝应进行超声波检测。钢管在防腐前应对其内外采用石英砂喷砂除锈，钢管表面处理标准为Sa2.5级。

钢管及管件内防腐采用环氧陶瓷内衬（GH 102型），涂层厚度≥400μm；外防腐采用环氧煤沥青冷缠带（PRC型），架空管道涂层厚度≥600μm，埋地管道采用加强级防腐，涂层厚度≥800μm。

管廊内再生水管外防腐颜色：绿色。

4. 阀门、排气阀、排水阀

在中水支管及不超过800m主管上设检修阀门。管廊内中水主管阀门均采用软密封法兰蝶阀（不锈钢暗杆）。管廊外其他阀门当管径≤300时采用软密封法兰闸阀（不锈钢暗杆），管径＞400时采用软密封法兰蝶阀（不锈钢暗杆）。

在主管的隆起点设排气阀，*DN*150管上设*DN*50排气阀，*DN*200～*DN*600管上设*DN*80排气阀，排气阀采用CARX复合式排气阀。

5. 管道支墩

架空在底板上的给水管每隔5m设混凝土及管卡固定支墩。在纵向转弯弯头和阀门前后处增设钢筋混凝土固定墩。

6. 管道压力及试压

管道设计工作压力1.0MPa，水压试验压力1.5MPa。管道应进行水压试压，试压距离不超过1km，试压前应严格按照规范要求，做好堵板、后背和固定措施，阀门伸缩节做好防拉脱措施，避免发生事故。

再生水管道在交付使用前应进行冲洗，并进行消毒处理，经有关部门取样检验水质合格后方可交付使用。

7. 管廊外中水阀门井及井盖选用

中水阀门井均采用矩形钢筋混凝土给水阀门井，具体选用尺寸及结构详见《市政给水管道工程及附属设施》07MS101-2。

阀门井井盖位于机动车道的采用*D*400型球墨铸铁材料井盖（承重荷载≥400kN），且带防盗降噪措施；位于非机动车道和绿化带的采用C250型球墨铸铁材料井盖（承重荷载≥250kN），且带防盗降噪措施。井盖做法及要求详见《检查井盖》GB/T 23858—2009。位于绿化带的井盖采用ϕ700圆形井盖，位于人行道的井盖可根据后期景观工程的要求进行调整，采用方形不锈钢钢板与不锈钢角钢框密焊井盖，其内部纹路色泽同人行道一致，并在井上对应刻字以明确管线类别。

7.3 雨水舱设计

1. 舱室布置

兴隆 86 路全段雨水舱布置于综合管廊底部，雨水舱断面尺寸为 2.0m × 1.0m。

2. 排水方向

K0+000 ~ K2+573 段，雨水渠由东向西顺坡敷设，排入鹿溪河。

K2+573 ~ K3+790 段，雨水渠由西向东顺坡敷设，排入南北走向兴隆 139 路雨水系统。

K3+790 ~ K4+330 段，雨水管由东向西顺坡敷设，排入南北走向兴隆 139 路雨水系统。

3. 雨水技术指标

（1）雨水计算采用成都市暴雨强度公式：

$$q=166.7\times\frac{44.594(1+0.651\lg P)}{(t+27.346)^{0.953[(\lg P)^{-0.017}]}}\quad[\mathrm{L/(s\cdot ha)}]$$

（2）标准路段雨水设计重现期采用 P=5 年，综合径流系数：ψ=0.7。

（3）t——雨水流行时间（min）。

$$t=t_1+t_2$$

t_1——集水时间：根据距离远近，取 10min；

t_2——管渠内雨水过流时间（min）。

K0+000 ~ K2+573 段，雨水系统汇水总面积为 43.2ha，排出口 Q=8367L/s，V=2.82m/s。

K2+573 ~ K4+330 段，雨水系统汇水总面积为 33.1ha，排出口 Q=6410L/s，V=3.45m/s。

4. 管材、基础

（1）d300 雨水进水管采用Ⅱ级钢筋混凝土平口管，360° 混凝土满包基础。

（2）管顶覆土小于 1.0m 时，采用Ⅱ级钢筋混凝土平口管或企口管，360° C25 混凝土满包基础。

（3）管顶覆土 1.0m ≤ H ≤ 4.5m 时，采用钢筋混凝土Ⅱ级承插管，180° 砂石基础，作法见国家建筑标准设计图集《混凝土排水管道基础及接口》06MS201-1 第 11 页。

（4）管顶覆土 4.5m < H ≤ 7.0m 时，采用Ⅲ级管钢筋混凝土承插管，180° 砂石基础，作法见国家建筑标准设计图集《混凝土排水管道基础及接口》

06MS201-1 第 11 页。

5. 管道接口

采用砂石基础的管道接口采用橡胶圈接口，详见国家建筑标准设计图集《混凝土排水管道基础及接口》06MS201-1 第 23 页、第 25 页，为提高钢筋混凝土管的防水密封性，另外在管道接口处增加无毒性双组份聚硫密封胶，具体做法详见《聚硫、聚氨酯密封胶给水排水工程应用技术规程》CECS 217：2006。

管道基础应置于密实的未扰动的原状土层上，要求地基承载力≥ 0.10MPa。

若遇流砂、淤泥、松散杂土及回填土等软弱地基时应采取换土回填砂砾石等加固措施，使之达到设计要求的地基承载力。换填深度根据现场情况由建设、监理、施工以及设计院等单位有关人员共同商定。

6. 检查井

检查井均采用钢筋混凝土检查井，详见国家建筑标准设计图集《排水检查井》06MS201-3。

当管道直径 400 ≤ D < 1000 时，采用圆形检查井，井径按国家建筑标准设计图集《排水检查井》06MS201-3 第 7 页“排水检查井尺寸表”确定；当管道直径 1000 ≤ D ≤ 1500 时，采用矩形检查井，详见国家建筑标准设计图集《排水检查井》06MS201-3；雨水舱的检查井尺寸详见综合管廊出线口节点详图。设在车行道下的检查井，在检查井周边宽 1.0m 范围内回填采用 5% 水泥稳定碎石或 C150 混凝土，并分层夯实。

检查井盖须符合《检查井盖》GB/T 23858—2009 的要求：车行道下检查井盖采用新型防沉降、防盗、防坠落等“五防”球墨铸铁井盖，并符合《球墨铸铁件》GB/T 1348—2019 的相关要求，等级不低于 D400 级。材质符合国家 QT500-7 的要求，检查井球化率大于 90%，球化级别达三级以上，含磷量 < 0.08，含硫量 < 0.05，变形率按照《检查井盖》GB/T 23858—2009 标准。当采用弹簧臂锁定或特殊设计的安全措施时，允许残留变形≤ 2.13mm；防震胶条符合《硫化橡胶或热塑性橡胶 压入硬度试验方法》GB/T 531 要求，氯丁胶含量 40% 以上的硫化氯橡胶条，硬度 =75 ± 5 邵氏级；胶条嵌入槽检查井盖应设置倒梯形嵌入式安装槽；开启度 0° ~ 180°。位于绿化带的检查井采用聚合物基复合材料检查井盖，等级采用 B125 型，还应符合《聚合物基复合材料检查井盖》CJ/T 211—2005 和四川省工程建设地方标准《城市道路高分子复合材料检查井盖、水箅技术规程》DB51/5057—2008 的要求；位于人行道的检查井盖可根据后期景观工程的要求进行调整，采用方形不锈钢钢板

与不锈钢角钢框密焊井盖，其内部纹路色泽同人行道一致，并在井上对应刻字以明确管线类别。污水需设透气孔。

检查井井盖为 ϕ700 圆形井盖，必须满足《成都市城市道路各类地下管线检查井、井圈、井盖设计施工补充规定》(2012 年版)、《成都市城市管理局等六个单位关于印发〈成都市城市道路桥梁检查井盖监督管理技术规定(暂行)〉的通知》(成城发〔2012〕241 号)的规定。在满足功能的前提下，尽可能采用规范允许范围内的最小井盖，井盖必须有标示。

排水系统检查井应安装防坠落设施，车行道下检查井井周 1m 范围内井底至井顶采用 5% 水泥稳定碎石或 C15 混凝土加强处理。

设于车行道和人行道下的检查井井盖顶面与路面齐平。设于绿化带下的检查井井盖顶面可高于地面 0.10m。

7. 雨水口

雨水口采用预制混凝土钢筋混凝土，为提高雨水口收水能力，雨水箅子采用球墨铸铁。道路竖曲线最低点及道路交叉口附近的雨水口在实施时应调整至实际路面的最低点，以保证有效地收水。

雨水口连接管采用 d300 管径，雨水口串联超过两个后连接管采用 d400，$i \geqslant 0.01$，支管接入检查井方向与道路纵坡保持一致。

安装于有路沿石处的雨水口采用偏沟式雨水口；其他采用平地式雨水口。雨水箅子采用“三防”球墨铸铁箅，要求符合《球墨铸铁件》GB/T 1348—2019 及国家建筑标准设计图集《市政排水管道工程及附属设施》06MS201 中的相关要求。

雨水箅子材质采用球墨铸铁，其标准符合国家 QT500-7 的要求，球化率达三级以上；承压等级满足 C 级 250kN；防震胶条符合《硫化橡胶或热塑性橡胶 压入硬度试验方法》GB/T 531 要求，氯丁胶含量 40% 以上的硫化氯橡胶条，硬度 =75 ± 5 邵氏级；胶条嵌入槽检查井盖应设置倒梯形嵌入式安装槽；雨水箅子支撑面需要设置“U”形凹槽卡“C”形胶条；开启度 0° ~ 180°。

雨水口井周 0.5m 范围内井底至井顶采用 5% 水泥稳定碎石或 C15 混凝土加强处理。

8. 预留支管

在道路每隔 120m 左右预留支管以便两侧地块的排水接入道路市政排水管网，预留支管雨水采用 i=0.005 的 d600 管。预留支管检查井预留于道路市政管线控制宽度线内侧 1m 处。为便于管道的接入预留支管检查井需安装排水管至检查井井壁外 0.5m，管道用砖封堵(水泥砂浆抹面)。

9. 后期维护安全防护措施

管道建成投入使用后的维护安全需严格按照《城镇排水管道维护安全技术规程》CJJ 6—2009 的要求执行。

维护管理人员需经过专业培训。

井下作业前必须检测有害气体浓度不能超过相应标准，且应开启作业井盖及其上下游井盖进行自然通风，通风时间不小于 0.5h，必要时需进行机械通风。下井作业必须佩戴防毒面具、安全带、安全帽及其他的必要的药品和物品。

10. 施工验收

施工中各分项、分部及单项工程均应采用《给水排水管道工程施工及验收规范》GB 50268—2008 及时检查验收。上道工序、分部工程未按有关标准验收合格前不得进行下道工序或相关分部工程的施工。

其他未尽事宜应严格按现行相关规范及规定执行，施工中如遇到现场情况与设计不符时，应及时通知业主及设计单位。

7.4　污水管设计

1. 管道布置

南宁路东段位于管廊内的污水管采用污水用球墨铸铁管，采用支墩架设，管径为 *DN*500；管廊外的污水管采用钢筋混凝土承插管。

2. 排水方向

K0+000 ~ K2+573 段，污水管由东向西顺坡敷设，排入鹿溪河旁的截污干管。

K2+573 ~ K3+790 段，雨水渠由西向东顺坡敷设，排入南北走向兴隆 139 路污水系统。

K3+790 ~ K4+330 段，雨水管由东向西顺坡敷设，排入南北走向兴隆 139 路污水系统。

3. 污水技术指标

污水最高日最大时面积比流量：1.4L/（s · ha）。

K0+000 ~ K2+573 段，污水系统纳污总面积为 43.2ha，排出口 Q=105.62L/s，V=1.62m/s。

K2+573 ~ K4+330 段，污水系统纳污总面积为 33.1ha，排出口 Q=83.29L/s，V=1.84m/s。

4. 管材、基础

（1）管廊内污水管采用球墨铸铁承插管，满足《污水用球墨铸铁管、管件和附件》GB/T 26081—2010 的要求。

（2）管廊外污水管，管顶覆土 1.0m ≤ H ≤ 4.5m 时，采用钢筋混凝土Ⅱ级承插管，180° 砂石基础，作法见国家建筑标准设计图集《混凝土排水管道基础及接口》06MS201-1 第 11 页。

（3）管廊外污水管，管顶覆土 4.5m < H ≤ 7.0m 时，采用Ⅲ级管钢筋混凝土承插管，180° 砂石基础，作法见国家建筑标准设计图集《混凝土排水管道基础及接口》06MS201-1 第 11 页。

5. 管道接口

管廊内污水管采用承插橡胶圈接口。

管廊外污水管采用砂石基础的管道接口采用橡胶圈接口，详见国家建筑标准设计图集《混凝土排水管道基础及接口》06MS201-1 第 23 页、第 25 页，为提高钢筋混凝土管的防水密封性，另外在管道接口处增加无毒性双组份聚硫密封胶，具体做法详见《聚硫、聚氨酯密封胶给水排水工程应用技术规程》CECS 217：2006。

管道基础应置于密实的未扰动的原状土层上，要求地基承载力 ≥ 0.10MPa。

若遇流砂、淤泥、松散杂土及回填土等软弱地基时应采取换土回填砂砾石等加固措施，使之达到设计要求的地基承载力。换填深度根据现场情况由建设、监理、施工以及设计院等单位有关人员共同商定。

6. 检查井

检查井均采用钢筋混凝土检查井，详见国家建筑标准设计图集《排水检查井》06MS201-3。

当管道直径 400 ≤ D < 1000 时，采用圆形检查井，井径按国家建筑标准设计图集《排水检查井》06MS201-3 第 7 页“排水检查井尺寸表”确定；当管道直径 1000 ≤ D ≤ 1500 时，采用矩形检查井，详见国家建筑标准设计图集《排水检查井》06MS201-3；雨水舱的检查井尺寸详见综合管廊出线口节点详图。设在车行道下的检查井，在检查井周边宽 1.0m 范围内回填采用 5% 水泥稳定碎石或 C150 混凝土，并分层夯实。

检查井井盖为 ϕ700 圆形井盖，须符合《检查井盖》GB/T 23858—2009 的要求：车行道下检查井盖采用新型防沉降、防盗、防坠落等“五防”球墨铸铁井盖，并符合《球墨铸铁件》GB/T 1348—2019 的相关要求，等级不低于 D400 级。材质符合国家 QT500-7 的要求，检查井球化率大于 90%，球化级别达三级以上，含磷量 ＜0.08，含硫量 ＜0.05，变形率按照《检查井盖》GB/T 23858—2009 标准。当采用弹簧臂锁定或特殊设计的安全措施时，允许残留变形≤ 2.13mm；防震胶条符合《硫化橡胶或热塑性橡胶 压入硬度试验方法》GB/T 531 要求，氯丁胶含量 40% 以上的硫化氯橡胶条，硬度 =75 ± 5 邵氏级；胶条嵌入槽检查井盖应设置倒梯形嵌入式安装槽；开启度 0°~ 180°。位于绿化带的检查井采用聚合物基复合材料检查井盖，等级采用 B125 型，还应符合《聚合物基复合材料检查井盖》CJ/T 211—2005 和四川省工程建设地方标准《城市道路高分子复合材料检查井盖、水箅技术规程》DB51/5057—2008 的要求；位于人行道的检查井盖可根据后期景观工程的要求进行调整，采用方形不锈钢钢板与不锈钢角钢框密焊井盖，其内部纹路色泽同人行道一致，并在井上对应刻字以明确管线类别。污水需设透气孔。

同时检查井井盖必须满足《成都市城市道路各类地下管线检查井、井圈、井盖设计施工补充规定》（2012 年版）、《成都市城市管理局等六个单位关于印发〈成都市城市道路桥梁检查井盖监督管理技术规定（暂行）〉的通知》（成城发〔2012〕241 号）的规定。在满足功能的前提下，尽可能采用规范允许范围内的最小井盖，井盖必须有标示。

排水系统检查井应安装防坠落设施，车行道下检查井井周 1m 范围内井底至井顶采用 5% 水泥稳定碎石或 C15 混凝土加强处理。

设于车行道和人行道下的检查井井盖顶面与路面齐平。设于绿化带下的检查井井盖顶面可高于地面 0.10m。

7. 预留支管

在道路每隔 120m 左右预留支管以便两侧地块的排水接入道路市政排水管网，预留支管雨水采用 i=0.005 的 d500 管。预留支管检查井预留于道路市政管线控制宽度线内侧 1m 处。为便于管道的接入预留支管检查井需安装排水管至检查井井壁外 0.5m，管道用砖封堵（水泥砂浆抹面）。

7.5　排水系统

本次综合管廊内设置了两种形式的集水坑，分别为真空集水坑和普通集水坑。

考虑天然气舱的防爆要求，在天然气舱室的每个防火分区均设置真空集水坑。管廊结构渗漏水通过排水沟流入真空集水坑内的真空收集箱，通过与真空收集箱相连的真空主管将渗漏水输送至真空泵站，通过泵站内的排水泵

将其提升入管廊外的雨水检查井中。

在电力舱和电信舱的每个防火分区均设置普通集水坑，主要为了排除爆管及管道维修时放空水，普通集水坑设置两台潜水排污泵，一用一备，特殊情况下两台同时开启。

综合管廊每个舱均设置排水沟，排水沟最小纵坡为 0.2%，最大纵坡为 15%。排水沟排水通过管廊内的真空收集箱输送至真空泵站内，并最终排至管廊外的雨水检查井。

真空集水坑标尺寸为：0.7m × 0.35m × 1.0m，普通集水坑尺寸：2.0m × 1.2m × 1.5m。

排水钢管的防腐，钢管及管件喷砂除锈达 Sa2.5 级，吸尘吹干后内、外进行防腐。钢管内防腐采用环氧陶瓷内衬（GH101 型），涂层厚度≥ 600μm。外防腐采用环氧煤沥青冷缠带，架空钢管涂层厚度≥ 600μm，埋地钢管采用加强级防腐，涂层厚度≥ 800μm。

7.6 采用新技术

本管廊设计采用拦蓄盾污水管冲洗、生态、真空清洗雨水渠和燃气舱真空排水等多项创新技术。

1. 污水管上增设拦蓄盾装置

纳入管廊的污水管坡度小，会造成管渠内淤堵等问题，设计时考虑在坡度较小的管道上每隔一定距离增设拦蓄盾装置定时对污水管进行自动冲洗。拦蓄盾装置由专业厂家配套提供，该装置通过设定的时间、上游液位信号自动控制液压杆关闭和开启拦蓄盾，实现对壅水和蓄水的可控，对排流进行时间有限的滞留，然后利用所蓄的水自动对管道进行冲洗。

2. 雨水管渠上增设真空冲洗设施

当纳入管廊的雨水管渠坡度小时，会造成管渠内淤堵等问题，设计时考虑每隔一定距离增设真空冲洗设施对雨水管渠进行自动冲洗。

真空冲洗设施主要包括：真空泵系统、钢筋混凝土水箱。需要冲洗时，开启真空泵，使钢筋混凝土水箱形成真空而进水，当水位上升至一定高度时，水位计给出信号，让水箱顶部隔膜阀打开水箱进气，水箱的水迅速排向雨水管渠而达到冲洗效果。雨水真空冲洗系统工作原理及布置图，如图 2-25 ~ 图 2-27 所示。

3. 燃气舱采用真空排水

燃气舱集水坑采用真空排水系统（图 2-28 和图 2-29）。系统由真空收集箱、真空管道、真空泵站、排水泵组成。管廊内的渗漏水沿着一定的坡度流入集水坑内，当集水坑内的水到达一定水位时，通过感应管触动控制器，真空阀自动打开，排水通过真空传输装置瞬间被吸入真空管网中。真空管网中的空气压差为系统提供动力，将排水输送至真空泵站的真空罐中，最终由排污泵排入市政管网。真空泵抽出的空气排入大气。

燃气舱集水坑内的水位达到一定液位时可瞬间被真空系统抽吸走，集水坑底部无淤积，没有安全隐患。真空管道管径小、坡度小可置于管廊内，真空管网施工便利，且后期检修方便。真空收集箱气动运行无需供电，整个真空系统只有在真空泵站处需要供电，便于管理且维护费用低，减少燃气舱的用电安全隐患。

兴隆 86 路管廊设计单位为中国市政工程设计研究总院有限公司，施工单位为中国建筑第三工程局有限公司，2016 年 9 ~ 12 月完成设计，2017 年初开工，2018 年底完成管廊主体施工，2020 年 4 月完成安装。现场土建施工及安装情况如图 2-32 ~图 2-34 所示。

图 2-32　管廊施工现场照片

图 2-33 电信舱现场照片

图 2-34 电力舱现场照片

城市综合管廊规划、设计、施工、运维信息模型共享技术指南

1 总 则

1. 为适应工程建设行业信息化发展的的需求，特制定本指南以统一综合管廊项目规划、设计、施工、运维全过程各阶段的信息共享要求。

2. 本指南适用于综合管廊项目在规划、设计、施工、运维全过程中的运用，其他类型项目可参考使用。

3. 本指南主要依据国家和行业现行规范和标准制定，并根据调研项目实际应用情况，提出各阶段的信息共享内容。

4. 综合管廊项目全过程应用除符合本指南规定之外，尚应符合国家和行业的现行有关标准的规定，并鼓励项目在满足规范和本指南的前提下进行技术研究和创新。

2 术 语

1. 综合管廊信息模型 utility tunnel information model（UIM）

在综合管廊项目全过程中，对其物理和功能特性进行数字化表达，并依此规划、设计、施工、运营的过程和结果的总称，简称模型。

2. 全过程 overall process

工程项目从计划建设到使用过程终止所经历的所有阶段的总称，包括但不限于规划、设计、施工、运维四个阶段。

3. 综合管廊信息模型软件 application software

对综合管廊信息模型进行创建、使用、管理的软件。

4. 协同平台 collaboration platforms

为项目实施而搭建的提供分工合作、进度控制、项目管理等协调功能的软硬件环境平台。

5. 综合管廊信息模型元素 UIM element

综合管廊信息模型的基本组成单元，简称模型元素。

6. 几何信息 geometric attributes

表示综合管廊及模型元素的位置、形状、尺寸及其他反应可视效果的信息。

7. 非几何信息 non-geometric attributes

综合管廊及模型元素除几何信息外的其他信息。

8. 参数 parameter

模型元素中承载几何信息和非几何信息的单元。

9. 统一编码 unicode

综合管廊信息模型全过程应用中各模型元素及信息可以被唯一识别的代码，本编码仅适用于按本指南建立的综合管廊信息模型。

10. 模型精细度 level of model definition

综合管廊信息模型中所容纳模型单元的丰富程度。

11. 道路翻交 road crossing

工程与现状道路交叉处为了施工时不阻断交通而临时利用围挡警示牌等铺设的临时道口。

3 基本规定

1. 综合管廊信息模型全过程相关方宜基于同一协同平台工作，协同平台的搭建应满足第 4 章规定。

2. 综合管廊信息模型应与项目实际保持一致，模型深度应满足第 5 章规定。

3. 在综合管廊信息模型全过程中，模型的构件命名及参数命名应保持一致且能被唯一识别，命名及编码标准应符合第 5 章规定。

4. 综合管廊信息模型应用宜贯穿全过程，各过程可采用的应用点宜符合第 6 章规定。

5. 综合管廊信息模型传递物应满足第 7 章规定。

4 资源要求

1. 综合管廊信息模型所采用的软件及平台应符合行业特征及信息化发展要求。

2. 综合管廊信息模型软件宜符合以下要求：

（1）便于各参与方协调、利于信息快速传递。

（2）便于工程人员进行二次开发。

（3）包含各专业应用功能。

（4）能实现在同一阶段多专业协同。

（5）使用开放或兼容的数据格式进行数据交换。

3. 综合管廊信息模型协同平台宜符合以下要求：

（1）具有信息整理快捷、各方协同同步、项目管理即时的功能。

（2）具有辅助制定业务标准和流程的功能。

（3）具有分配参与者分级权重的功能。

（4）具有成果归档与管理的功能。

（5）具有保障数据安全的功能或相应措施。

（6）能与城市 CIM 平台对接。

5 建模标准

5.1 一般规定

5.1.1 综合管廊信息模型的建模坐标或基准点坐标应与真实工程坐标一致，并在综合管廊信息模型全过程应用中不得变动。

5.1.2 建模精度在满足后续章节规定的前提下，不宜过度精细。

5.1.3 模型元素的几何信息和非几何信息应由唯一的属性进行规定。

5.2 建模颜色

5.2.1 管道颜色应符合表 3-1 规定，表中颜色采用现行国家标准《漆膜颜色标准》GB/T 3181—2008 和现行行业标准《漆膜颜色标准样卡》CSB05—1426—2001 相关标准和使用方法。

综合管廊信息模型管线颜色表 **表 3-1**

序号	管线名称	颜色
1	给水管道	草绿色（GY04）
2	再生水管道	天蓝色（PB09）
3	天然气管道	淡黄色（Y06）
4	热水介质热力管道	海灰色（B05）
5	蒸汽介质热力管道	玫瑰红色（RP03）
6	污水管道	黑色（N-1.0）
7	雨水管道	淡棕色（YR01）
8	消防管道	朱红色（R02）

5.2.2 其余构件颜色应在综合管廊信息模型应用全过程中保持一致。

5.3　命名标准

5.3.1　在综合管廊信息模型全过程应用中，同一模型元素和参数的命名应保持前后一致。

5.3.2　模型文件命名宜按照如下执行：

项目代码_项目阶段_专业_描述

项目代码：识别项目的代码，由项目管理者制定。

项目阶段：描述项目所属阶段，分为规划、设计、施工、运维四个阶段。

专业：描述模型所属专业，可按总体、结构、建筑、给水排水、电气、通风划分。

描述：补充描述性信息，如交付日期或者版本等。

5.3.3　模型元素及参数命名应符合表3-2的规定。

5.4　统一编码

5.4.1　本指南采用独立编码系统，仅在按本指南建立的综合管廊信息模型全过程应用中使用。

5.4.2　各模型元素及总体信息等编码应符合表3-2的规定，未涉及或未编码的模型元素可按照类别依次接续编号并在全过程中保持一致。

5.4.3　统一编码示例如图3-1所示，其中模型元素实例编码为×××，表示根据实例数目连续编号。

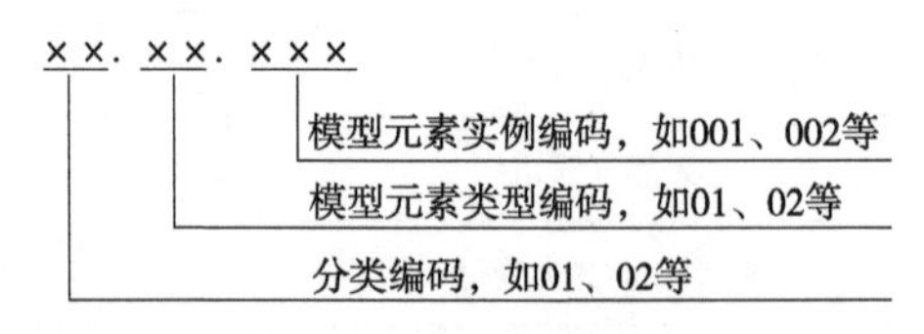

图3-1　统一编码示例

5.5　模型精细度

5.5.1　综合管廊信息模型各阶段模型元素建模精细度应满足表3-2的规定。

综合管廊信息模型模型精细度表 表 3–2

分类	模型元素命名	主要参数命名	统一编码	规划阶段		初步设计阶段		施工图设计阶段		施工深化阶段		运维阶段	
				几何信息	非几何信息	几何信息	非几何信息	几何信息	非几何信息	几何信息	非几何信息	几何信息	非几何信息
总体信息	项目基点	坐标系统、高程系统	01.01.001	准确的坐标位置	坐标系统、高程系统	准确的坐标位置	坐标系统、高程系统	准确的坐标位置	坐标系统、高程系统	准确的坐标位置	坐标系统、高程系统	准确的坐标位置	坐标系统、高程系统
	舱室	舱室	01.02.×××	数量	舱室类型	数量、初步几何尺寸	舱室类型	数量、准确几何尺寸	舱室类型、火灾危险性分类	数量、实际几何尺寸	舱室类型、火灾危险性分类	数量、实际几何尺寸	舱室类型、火灾危险性分类
	—	设计使用年限	01.03.001	—	应具备	—	应具备	—	应具备	—	应具备	—	应具备
	—	抗震设防烈度	01.04.001	—	应具备	—	应具备	—	应具备	—	应具备	—	应具备
	—	结构安全等级	01.05.001	—	应具备	—	应具备	—	应具备	—	应具备	—	应具备
	管廊中心线	桩号、坡度、转弯半径	01.06.×××	平面线型	—	平面线型、主要控制点坐标、转弯半径	桩号	平面线型、各控制点坐标、转弯半径	桩号	平面线型、主要控制点坐标、转弯半径、变形缝分段	桩号	平面线型、主要控制点坐标、转弯半径、变形缝分段、运维管理分段	桩号
主体结构	顶板	厚度、材质、标高	02.01.×××	—	—	初步几何尺寸	材质、防水措施	准确几何尺寸	材质、防水措施	实际几何尺寸	材质、防水措施	实际几何尺寸	材质、防水措施、防水材料相关资料

续表

分类	模型元素命名	主要参数命名	统一编码	规划阶段		初步设计阶段		施工图设计阶段		施工深化阶段		运维阶段	
				几何信息	非几何信息	几何信息	非几何信息	几何信息	非几何信息	几何信息	非几何信息	几何信息	非几何信息
主体结构	底板	厚度、材质、标高	02.02.×××	—	—	初步几何尺寸	材质、防水措施	准确几何尺寸	材质、防水措施	实际几何尺寸	材质、防水措施	实际几何尺寸	材质、防水措施、防水材料相关资料
	中隔板	厚度、材质、标高	02.03×××	—	—	初步几何尺寸	材质	准确几何尺寸	材质	实际几何尺寸	材质	实际几何尺寸	材质
	外壁	厚度、材质、标高	02.04.×××	—	—	初步几何尺寸	材质、防水措施	准确几何尺寸	材质、防水措施	实际几何尺寸、施工缝	材质、防水措施	实际几何尺寸	材质、防水措施、防水材料相关资料
	内壁	厚度、材质、标高	02.05.×××	—	—	初步几何尺寸	材质	准确几何尺寸	材质	实际几何尺寸、施工缝	材质	实际几何尺寸	材质
	变形缝	宽度、材质、防水措施	02.06.×××	—	—	—	—	准确位置	防水措施	实际位置、内部构造	防水措施	实际位置、内部构造	防水措施、防水材料相关资料
	腋角	厚度、材质、标高	02.07.×××	—	—	—	—	准确几何尺寸	材质	实际几何尺寸	材质	实际几何尺寸	材质
	集水坑	长度、宽度、深度、厚度	02.08.×××	—	—	—	—	准确几何尺寸	材质	实际几何尺寸	材质	实际几何尺寸	材质

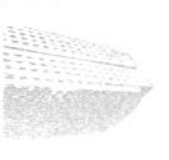

续表

分类	模型元素命名	主要参数命名	统一编码	规划阶段		初步设计阶段		施工图设计阶段		施工深化阶段		运维阶段	
				几何信息	非几何信息	几何信息	非几何信息	几何信息	非几何信息	几何信息	非几何信息	几何信息	非几何信息
主体结构	盖板	长度、宽度、厚度	02.08.×××	—	—	—	—	准确几何尺寸	材质	实际几何尺寸	材质	实际几何尺寸	材质、材料相关资料
廊内管线	给水管	管径、材质、标高、坡度	03.01.×××	—	—	初步管道中心线、控制点标高	材质	准确管道中心线、控制点标高、管道连接件及阀门等附件	材质、防腐措施、连接方式	实际管道中心线、控制点标高、管道连接件及阀门等附件	材质、防腐保温措施、连接方式	实际管道中心线、控制点标高、管道连接件及阀门等附件、物联网传感器	材质、防腐措施、连接方式、流量
	再生水管	管径、材质、标高、坡度	03.02.×××	—	—	初步管道中心线、控制点标高	材质	准确管道中心线、控制点标高、管道连接件及阀门等附件	材质、防腐措施、连接方式	实际管道中心线、控制点标高、管道连接件及阀门等附件	材质、防腐保温措施、连接方式	实际管道中心线、控制点标高、管道连接件及阀门等附件、物联网传感器	材质、防腐措施、连接方式、流量
	排水管渠	管径、材质、标高、坡度	03.03.×××	—	—	初步管道中心线、控制点标高	材质	准确管道中心线、控制点标高、管道连接件及阀门等附件	材质、防腐措施、连接方式	实际管道中心线、控制点标高、管道连接件及阀门等附件	材质、防腐保温措施、连接方式	实际管道中心线、控制点标高、管道连接件及阀门等附件、物联网传感器	材质、防腐措施、连接方式、流量

续表

分类	模型元素命名	主要参数命名	统一编码	规划阶段		初步设计阶段		施工图设计阶段		施工深化阶段		运维阶段	
				几何信息	非几何信息	几何信息	非几何信息	几何信息	非几何信息	几何信息	非几何信息	几何信息	非几何信息
廊内管线	天然气管	管径、材质、标高、坡度	03.04.×××	—	—	初步管道中心线、控制点标高	材质	准确管道中心线、控制点标高、管道连接件及阀门等附件	材质、防腐措施、连接方式	实际管道中心线、控制点标高、管道连接件及阀门等附件	材质、防腐保温措施、连接方式	实际管道中心线、控制点标高、管道连接件及阀门等附件、物联网传感器	材质、防腐措施、连接方式、流量
	热力管道	管径、材质、标高、坡度	03.05.×××	—	—	初步管道中心线、控制点标高	材质	准确管道中心线、控制点标高、管道连接件及阀门等附件	材质、防腐措施、连接方式	实际管道中心线、控制点标高、管道连接件及阀门等附件	材质、防腐保温措施、连接方式	实际管道中心线、控制点标高、管道连接件及阀门等附件、物联网传感器	材质、防腐措施、连接方式、流量、温度
	电力、通信线缆	直径、材质、标高、转弯半径	03.06.×××	—	—	初步线缆中心线、控制点标高	材质	准确线缆中心线、控制点标高、线缆转弯段	材质、阻燃绝缘措施、额定电压	实际线缆中心线、控制点标高、线缆转弯段	材质、阻燃绝缘措施、额定电压	实际线缆中心线、控制点标高、线缆转弯段、物联网传感器	材质、阻燃绝缘措施、额定电压
	电力、通信桥架	宽度、高度、材质、标高	03.07.×××	—	—	初步桥架中心线、控制点标高	材质	准确桥架中心线、控制点标高、桥架连接件等附件	材质、阻燃绝缘措施、内含通信管线	实际桥架中心线、控制点标高、桥架连接件等附件	材质、阻燃绝缘措施、内含通信管线	实际桥架中心线、控制点标高、桥架连接件等附件、物联网传感器	材质、阻燃绝缘措施、内含通信管线

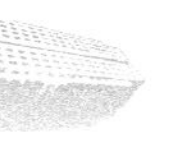

续表

分类	模型元素命名	主要参数命名	统一编码	规划阶段		初步设计阶段		施工图设计阶段		施工深化阶段		运维阶段	
				几何信息	非几何信息	几何信息	非几何信息	几何信息	非几何信息	几何信息	非几何信息	几何信息	非几何信息
支吊架及支墩	管线支架	管线数量、管线直径、支架厚度、支架长度、支架宽度	04.01.×××	—	—	—	—	粗定支架的位置、准确的支架间距、准确支架的标高	材质	实际支架的位置、实际的支架间距、实际支架的标高	材质	实际支架的位置、实际的支架间距、实际支架的标高	材质
	管线吊架	管线数量、管线直径、吊架高度、吊架宽度	04.02.×××	—	—	—	—	粗定支架的位置、准确的支架间距、准确支架的标高	材质	实际吊架的位置、实际的支架间距、实际吊架的标高	材质	实际吊架的位置、实际的吊架架间距、实际吊架的标高	材质
	管道支墩	管线直径、支墩高度、支墩宽度、支墩厚度	04.03.×××	—	—	—	—	粗定支墩的位置、准确的支墩间距、准确支墩的标高	材质	实际支墩的位置、实际的支墩间距、实际支墩的标高	材质	实际支墩的位置、实际的支架支墩、实际支墩的标高	材质

续表

分类	模型元素命名	主要参数命名	统一编码	规划阶段		初步设计阶段		施工图设计阶段		施工深化阶段		运维阶段	
				几何信息	非几何信息	几何信息	非几何信息	几何信息	非几何信息	几何信息	非几何信息	几何信息	非几何信息
消防系统	感烟探测器	型号、额定电压、额定功率	05.01.×××	—	—	—	—	准确的位置、尺寸	型号、额定电压、额定功率	实际的位置、尺寸	型号、额定电压、额定功率、厂家	实际的位置、尺寸	型号、额定电压、额定功率、厂家、资产信息
	火灾报警控制柜	型号、额定电压、额定功率、长度、宽度、高度	05.02.×××	—	—	—	—	准确的位置、尺寸	型号	实际的位置、尺寸	型号	实际的位置、尺寸	型号
	火灾声光报警器	型号、额定电压、额定功率	05.03.×××	—	—	—	—	准确的位置、尺寸	型号、额定电压、额定功率	实际的位置、尺寸	型号、额定电压、额定功率、厂家	实际的位置、尺寸	型号、额定电压、额定功率、厂家、资产信息
	手动报警按钮	型号、额定电压、额定功率	05.04.×××	—	—	—	—	准确的位置、尺寸	型号、额定电压、额定功率	实际的位置、尺寸	型号、额定电压、额定功率、厂家	实际的位置、尺寸	型号、额定电压、额定功率、厂家、资产信息
	放气指示灯	型号、额定电压、额定功率、颜色	05.05.×××	—	—	—	—	准确的位置、尺寸	型号、额定电压、额定功率、颜色	实际的位置、尺寸	型号、额定电压、额定功率、颜色、厂家	实际的位置、尺寸	型号、额定电压、额定功率、颜色、厂家、资产信息

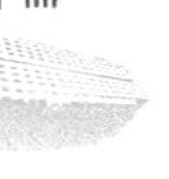

续表

分类	模型元素命名	主要参数命名	统一编码	规划阶段		初步设计阶段		施工图设计阶段		施工深化阶段		运维阶段	
				几何信息	非几何信息	几何信息	非几何信息	几何信息	非几何信息	几何信息	非几何信息	几何信息	非几何信息
通风系统	风管	尺寸、材质、标高、风量、风压	06.01.×××	—	—	初步管道中心线、控制点标高	材质	准确管道中心线、控制点标高、管道连接件及阀门等附件	材质、风量、风压等	实际管道中心线、控制点标高、管道连接件及阀门等附件	材质、风量、风压等	实际管道中心线、控制点标高、管道连接件及阀门等附件、物联网传感器	材质、风量、风压等
	风机	型号、风量、风压、转速、功率、重量	06.02.×××	—	—	初步的位置、尺寸	型号、风量、风压、转速、功率、重量	准确的位置、尺寸	型号、风量、风压、转速、功率、重量	实际的位置、尺寸	型号、风量、风压、转速、功率、重量、厂家	实际的位置、尺寸	型号、风量、风压、转速、功率、重量、厂家
	百叶	宽度、高度、材质、标高	06.03.×××	—	—	—	—	准确的位置、尺寸	材质	实际的位置、尺寸	材质	实际的位置、尺寸	材质
供电系统	配电柜	宽度、深度、高度、标高	07.01.×××	—	—	—	—	准确的位置、尺寸	型号、防护等级	实际的位置、尺寸	型号、防护等级、厂家	实际的位置、尺寸	型号、防护等级、厂家
	配电箱	宽度、深度、高度、标高	07.02.×××	—	—	—	—	准确的位置、尺寸	型号、防护等级	实际的位置、尺寸	型号、防护等级、厂家	实际的位置、尺寸	型号、防护等级、厂家

续表

分类	模型元素命名	主要参数命名	统一编码	规划阶段		初步设计阶段		施工图设计阶段		施工深化阶段		运维阶段	
				几何信息	非几何信息	几何信息	非几何信息	几何信息	非几何信息	几何信息	非几何信息	几何信息	非几何信息
供电系统	控制柜	宽度、深度、高度、标高	07.03.×××	—	—	—	—	准确的位置、尺寸	型号、防护等级	实际的位置、尺寸	型号、防护等级、厂家	实际的位置、尺寸	型号、防护等级、厂家
	直流屏	宽度、深度、高度、标高	07.04.×××	—	—	—	—	准确的位置、尺寸	交流输入电压、直流输出电压、输出电流	实际的位置、尺寸	交流输入电压、直流输出电压、输出电流、厂家	实际的位置、尺寸	交流输入电压、直流输出电压、输出电流、厂家
	变压器	宽度、深度、高度、标高	07.05.×××	—	—	—	—	准确的位置、尺寸	额定高压、额定低压、绝缘等级、联结组别、防护等级	实际的位置、尺寸	额定高压、额定低压、绝缘等级、联结组别、防护等级、厂家	实际的位置、尺寸	额定高压、额定低压、绝缘等级、联结组别、防护等级、厂家
	应急电源	宽度、深度、高度、标高	07.06.×××	—	—	—	—	准确的位置、尺寸	型号、功率	实际的位置、尺寸	型号、功率、厂家	实际的位置、尺寸	型号、功率、厂家
照明系统	灯	标高、额定功率	08.01.×××	—	—	—	—	准确的位置、尺寸	型号、额定功率	实际的位置、尺寸	型号、额定功率、厂家	实际的位置、尺寸	型号、额定功率、厂家

续表

分类	模型元素命名	主要参数命名	统一编码	规划阶段		初步设计阶段		施工图设计阶段		施工深化阶段		运维阶段	
				几何信息	非几何信息	几何信息	非几何信息	几何信息	非几何信息	几何信息	非几何信息	几何信息	非几何信息
照明系统	开关	长度、宽度、深度标高	08.02.×××	—	—	—	—	准确的位置、尺寸	型号	实际的位置、尺寸	型号、厂家	实际的位置、尺寸	型号、厂家
	插座	长度、宽度、深度标高	08.03.×××	—	—	—	—	准确的位置、尺寸	型号、额定电流、额定电压	实际的位置、尺寸	型号、额定电流、额定电压、厂家	实际的位置、尺寸	型号、额定电流、额定电压、厂家
	疏散指示灯	长度、宽度、深度标高	08.04.×××	—	—	—	—	准确的位置、尺寸	型号、额定功率	实际的位置、尺寸	型号、额定功率、厂家	实际的位置、尺寸	型号、额定功率、厂家
	安全出口灯	长度、宽度、深度标高	C8.05.×××	—	—	—	—	准确的位置、尺寸	型号、额定功率	实际的位置、尺寸	型号、额定功率、厂家	实际的位置、尺寸	型号、额定功率、厂家
监控与报警系统	监控控制柜	长度、宽度、深度、标高	C9.01.×××	—	—	—	—	准确的位置、尺寸	型号	实际的位置、尺寸	型号、厂家	实际的位置、尺寸	型号、厂家
	温湿度检测仪	标高	C9.02.×××	—	—	—	—	准确的位置、尺寸	型号、额定功率、额定电压	实际的位置、尺寸	型号、额定功率、额定电压、厂家	实际的位置、尺寸	型号、额定功率、额定电压、厂家

续表

分类	模型元素命名	主要参数命名	统一编码	规划阶段		初步设计阶段		施工图设计阶段		施工深化阶段		运维阶段	
				几何信息	非几何信息	几何信息	非几何信息	几何信息	非几何信息	几何信息	非几何信息	几何信息	非几何信息
监控与报警系统	氧气检测仪	标高	09.03.×××	—	—	—	—	准确的位置、尺寸	型号、额定功率、额定电压	实际的位置、尺寸	型号、额定功率、额定电压、厂家	实际的位置、尺寸	型号、额定功率、额定电压、厂家
	摄像机	标高	09.03.×××	—	—	—	—	准确的位置、尺寸	型号、额定功率、额定电压	实际的位置、尺寸	型号、额定功率、额定电压、厂家	实际的位置、尺寸	型号、额定功率、额定电压、厂家
	报警装置	标高	09.04.×××	—	—	—	—	准确的位置、尺寸	型号、额定功率、额定电压	实际的位置、尺寸	型号、额定功率、额定电压、厂家	实际的位置、尺寸	型号、额定功率、额定电压、厂家
	感烟探测器	标高	09.05.×××	—	—	—	—	准确的位置、尺寸	型号、额定功率、额定电压	实际的位置、尺寸	型号、额定功率、额定电压、厂家	实际的位置、尺寸	型号、额定功率、额定电压、厂家
	手动报警按钮	标高	09.06.×××	—	—	—	—	准确的位置、尺寸	型号、额定功率、额定电压	实际的位置、尺寸	型号、额定功率、额定电压、厂家	实际的位置、尺寸	型号、额定功率、额定电压、厂家
附属物	标识牌	长度、宽度、标高	10.01.×××	—	—	—	—	准确的位置、尺寸	材质、内容	实际的位置、尺寸	材质、内容	实际的位置、尺寸	材质、内容
	门	宽度、高度、标高	10.02.×××	—	—	—	—	准确的位置、尺寸	材质	实际的位置、尺寸	材质、内容	实际的位置、尺寸	材质
	栏杆	高度、标高	10.03.×××	—	—	—	—	准确的位置、尺寸	材质	实际的位置、尺寸	材质、内容	实际的位置、尺寸	材质

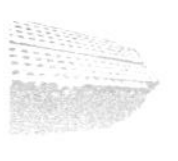

续表

分类	模型元素命名	主要参数命名	统一编码	规划阶段		初步设计阶段		施工图设计阶段		施工深化阶段		运维阶段	
				几何信息	非几何信息	几何信息	非几何信息	几何信息	非几何信息	几何信息	非几何信息	几何信息	非几何信息
施工元素	脚手架	直径、长度	11.01.×××	—	—	—	—	—	—	实际的尺寸、位置、扣件等	材质	—	—
	模板	长度、宽度、厚度	11.02.×××	—	—	—	—	—	—	实际的尺寸、位置、对拉螺栓等	材质	—	—
	施工用房	长度、宽度、高度	11.03.×××	—	—	—	—	—	—	实际的尺寸、位置、主要结构构件	用途、标识	—	—
	施工机具	—	11.04.×××	—	—	—	—	—	—	实际的尺寸、位置	类型、型号、工作范围	—	—
	施工车辆	—	11.05.×××	—	—	—	—	—	—	实际的尺寸	载重、转弯半径	—	—
	基坑	基坑深度	11.06.×××	—	—	—	—	—	—	基坑上下边界尺寸、基坑和深度	支护类型、止水降水措施等	—	—
运维设备	传感器	—	12.01.×××	—	—	—	—	—	—	—	—	实际安装位置	传感器类型、传感器主要收集数据类型等
	巡检设备	—	12.02.×××	—	—	—	—	—	—	—	—	实际尺寸	巡检设备路线、巡检情况记录等

6 各阶段实施内容和要求

6.1 一般规定

6.1.1 模型应用应贯穿综合管廊工程全生命期，并应能实现综合管廊工程各相关方的协同工作、信息共享。

6.1.2 模型应用应采用基于工程实践的综合管廊工程信息模型应用方式，并应符合国家相关标准和管理流程的规定。

6.1.3 模型创建、使用和管理过程中，应采取措施保证信息安全。

6.1.4 综合管廊信息模型软件宜具有查验模型及其应用符合我国相关工程建设标准的功能。

6.1.5 工程项目相关方应明确综合管廊信息模型全过程应用的工作内容、技术要求、工作进度、岗位职责、人员及设备配置等。

6.1.6 工程项目相关方应建立综合管廊信息模型全过程应用协同机制，制订模型质量控制计划，实施应用过程管理。

6.1.7 模型质量控制措施应包括下列内容：

（1）模型与工程项目的符合性检查。

（2）不同模型元素之间的相互关系检查。

（3）模型与相应标准规定的符合性检查。

（4）模型信息的准确性和完整性检查。

6.1.8 规划、设计阶段是综合管廊信息模型创建的起始，在设计过程中应使用信息模型技术，完成模型的建立，并提供相应的设计交付物。

6.1.9 规划、设计阶段创建的综合管廊信息模型应在全生命期共享和使用，应具备连续性、追溯性及扩展性。

6.1.10 施工应用的目标和范围应根据项目特点、合约要求及工程项目相关方应用水平等综合确定。

6.1.11 施工应用可事先制定施工应用策划，并遵照策划进行应用的过程管理。

6.2 全过程应用策划

6.2.1 综合管廊信息模型全过程应用策划应与其整体计划协调一致，并应考虑项目特点、合约要求及项目各参与方信息技术应用水平等因素相匹配。

6.2.2 综合管廊项目实施前，建设单位或代理建设单位的信息模型总咨询单位应制定《综合管廊信息模型全过程应用总体策划方案》，宜涉及规划、设计、施工、运维全过程。同时，根据项目实际需要编写特定阶段的应用策划方案，并由各自阶段责任方牵头编制。

6.2.3《综合管廊信息模型全过程应用总体策划方案》宜明确下列内容但不限于：

（1）综合管廊信息模型应用目标。

（2）综合管廊信息模型应用范围和内容。

（3）各参与方的人员组织架构、相应职责及团队配置要求。

（4）软硬件资源配置要求。

（5）模型实施应用管理办法及应用流程。

（6）模型创建、使用和管理标准要求。

（7）模型质量控制、应用成果交付要求等。

6.2.4 综合管廊信息模型应用可根据项目实施目标及项目的特点，确定模型实施应用点。

6.2.5 综合管廊信息模型应用流程编制可根据模型应用的范围和内容，分为总体和专项两个层次。总体流程应描述不同阶段模型应用的逻辑关系、信息交换要求等。专项流程应描述模型应用点的详细工作顺序、逻辑关系及责任主体等。

6.2.6 综合管廊信息模型应用总体策划及其调整应分发给工程项目各参与方，并应将模型应用纳入项目工作计划。

6.3 规划阶段和设计阶段综合管廊信息模型应用

6.3.1 综合管廊信息模型在规划阶段和设计阶段应满足的应用内容

具体见表 3-3。

综合管廊信息模型在规划阶段和设计阶段的应用内容　　表 3-3

序号	阶段	应用	应用内容	基础项	可选项
1	规划阶段 / 设计阶段	场地仿真分析	检查综合管廊项目范围内与红线、绿线、河道蓝线、高压黄线及周边建筑物的距离关系	√	
2		规划方案比选	创建并整合方案概念模型和周边环境模型，利用模型三维可视化的特性展现综合管廊项目设计方案	√	
3		专业综合	在模型中，进行各专业之间及专业内部的碰撞检查，提前发现设计可能存在的碰撞问题及设计阶段的交叉盲点，提高设计质量	√	
4		工程量复核	根据综合管廊项目分项表，创建符合工程量统计要求的土建、机电、装修工程量数据	√	
5		性能分析	根据模型进行各类性能分析，如室内外风环境分析、绿色节能分析、火灾烟器模拟、声学分析、紧急疏散模拟等；通过分析报告优化设计方案，从而满足各项标准要求		√

6.3.2　场地仿真分析

1. 应用要求

（1）周边建筑、地形、场地等现状仿真宜应用信息模型技术。

（2）在场地现状仿真应用中，可基于方案设计模型或方案设计文件创建周边环境、构筑物主体轮廓及附属设施等仿真模型，并整合生成的多个模型，标注综合管廊项目构筑物主体、出入口、地面建筑部分与红线、绿线、河道蓝线、高压黄线及周边建筑物的距离，辅助设计方案可行性验证，输出设计方案模型及视频动画等。

2. 应用流程

具体如图 3-1 所示。

3. 应用成果

（1）场地模型。模型应体现场地边界（如用地红线、高程、正北向）、地形表面、建筑地坪、场地道路等。

（2）场地分析报告。报告应体现三维场地模型图像、场地分析结果，以及对场地设计方案或工程设计方案的场地分析数据对比。

4. 软硬件要求

模拟分析软件宜具有与 VR、AR、MR 等可视化设备集成或融合的能力。

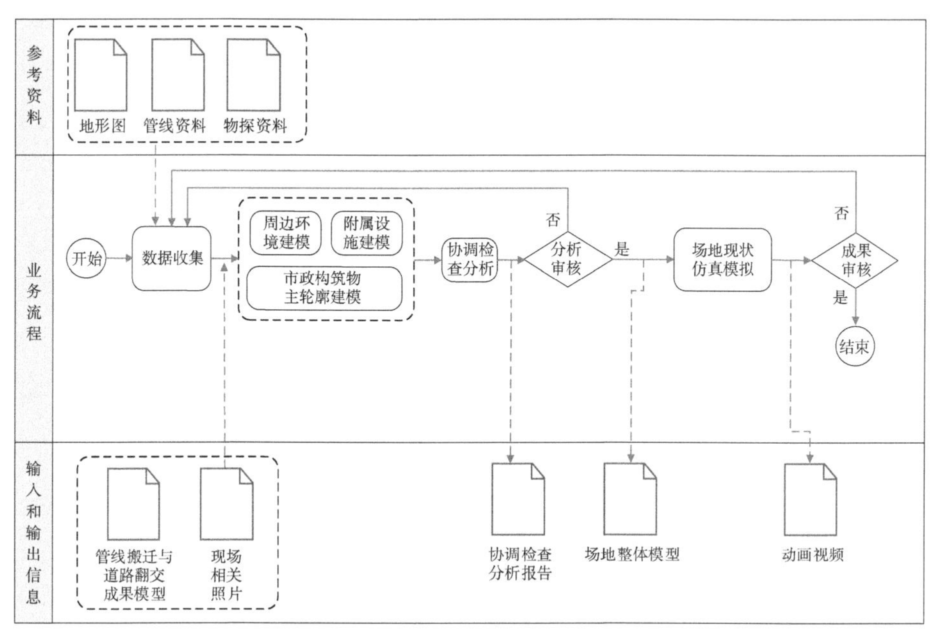

图 3-1 应用流程

6.3.3 规划方案比选

1. 应用要求

（1）根据设计意图和前期规划要求完成方案设计模型创建，通过综合管廊信息模型快速生成平立剖，用于方案评审的各种二维视图，进行初步性能分析及优化。

（2）利用方案设计模型对项目的可行性进行验证，并为制作效果图提供模型，也可根据需要快速生成多个方案模型用于比选。

（3）方案设计模型宜包含综合管廊的完整方案设计信息及周边环境模型，并与方案模型进行整合。

（4）规划方案比选的成果宜包括综合管廊项目方案模型、漫游视频等。

2. 应用流程

具体如图 3-2 所示。

3. 应用成果

（1）方案比选报告

报告应体现综合管廊的三维透视图、轴测图、剖切图等图片，平面、立面、剖面图等二维图，以及方案比选的对比说明。

（2）设计方案模型

模型应体现管廊外观形状、舱数尺寸等。

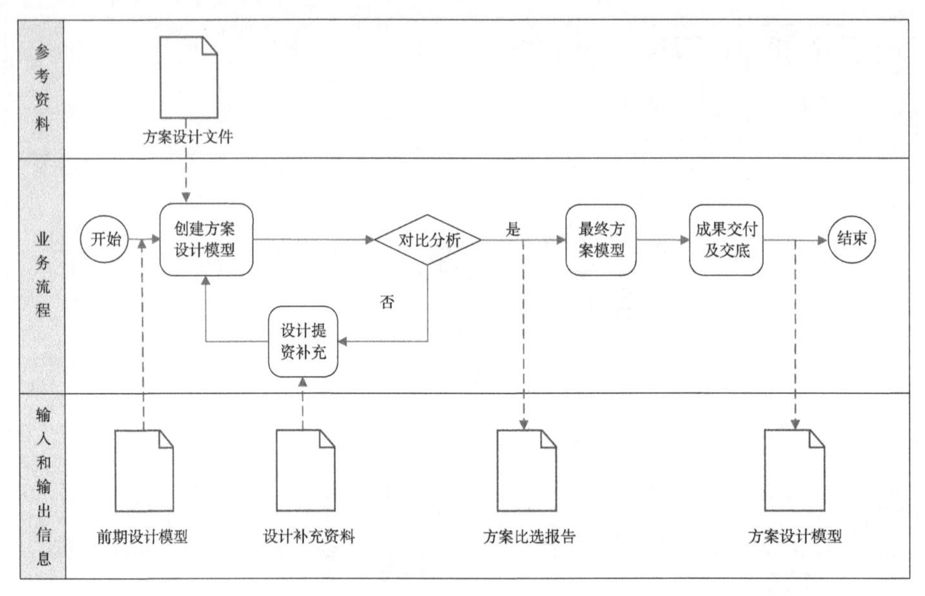

图 3–2　应用流程

4. 软硬件要求

规划方案比选软件宜具有模型创建、分析的能力。

6.3.4　专业综合

1. 应用要求

（1）综合管廊总体、土建、给水排水、电气、通风等各专业间的综合检查宜应用信息模型技术。

（2）在专业综合中，可基于设计模型或设计文件创建设计模型，完成管线间、管线与结构构件、复杂节点等重点区域的碰撞检查及修改优化，并提供分析报告等，保证项目的合理空间利用。

（3）专业综合的实施范围应包含专业内和专业间的综合。

（4）专业综合应用交付成果宜包括优化后设计模型、协调检查分析报告、管线优化平面图纸等，且应符合国家现行相关标准规范规定。

2. 应用流程

具体如图 3-3 所示。

3. 应用成果

（1）综合管廊土建、管线、设备等模型。

（2）碰撞报告。

（3）优化后模型。

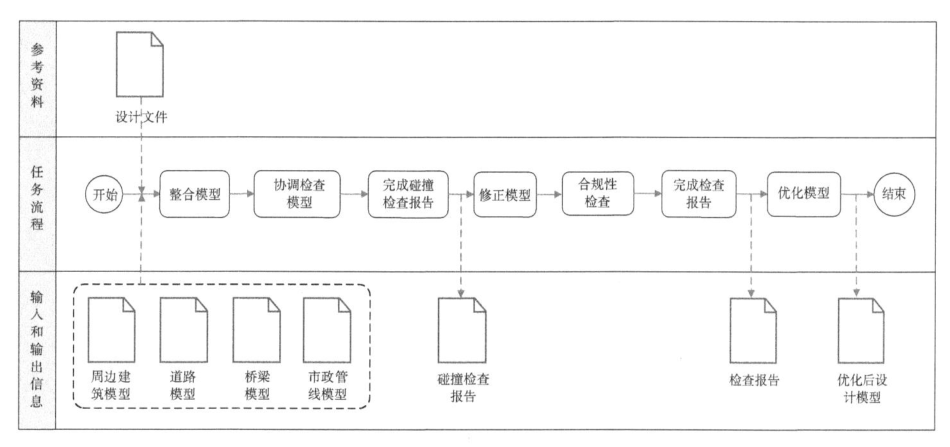

图 3-3 应用流程

4. 软硬件要求

应具有碰撞检查分析功能。

6.3.5 工程量统计

1. 应用要求

（1）工程量统计中的土建、管线、设备等专业可基于模型完成。

（2）在工程量统计中，可基于设计模型或设计文件创建设计模型，调整土建、管线、设备等模型的几何数据和非几何数据，完成各专业的重点工程量统计，用于辅助设计方案比选、限额设计等工作。

（3）用于设计概算的设计模型的范围与深度应符合国家现行设计概算规定。

（4）重点工程量统计成果的内容、格式、范围、深度应与现有的标准保持一致，实现工程量的多算对比。

2. 应用流程

具体如图 3-4 所示。

3. 应用成果

（1）设计模型。

（2）混凝土工程量清单。

（3）管线工程量清单。

（4）设备清单。

4. 软硬件要求

应具有工程量统计、分析、汇总的功能。

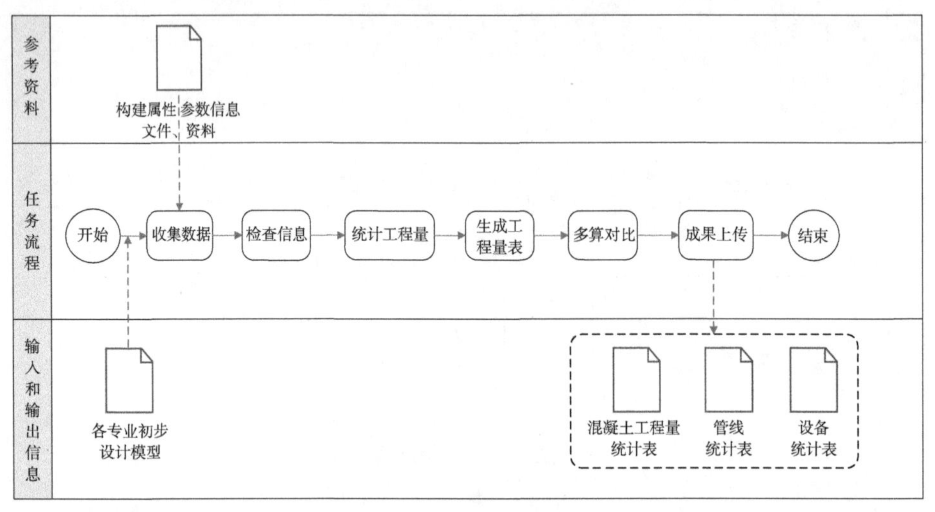

图 3-4　应用流程

6.3.6　性能分析

1. 应用要求

（1）根据综合管廊信息模型进行各类性能分析，如廊内通风分析、绿色节能分析、火灾烟气模拟、声学分析、紧急疏散模拟等。

（2）通过分析报告优化设计方案，从而满足各项标准要求。

2. 应用流程

具体如图 3-5 所示。

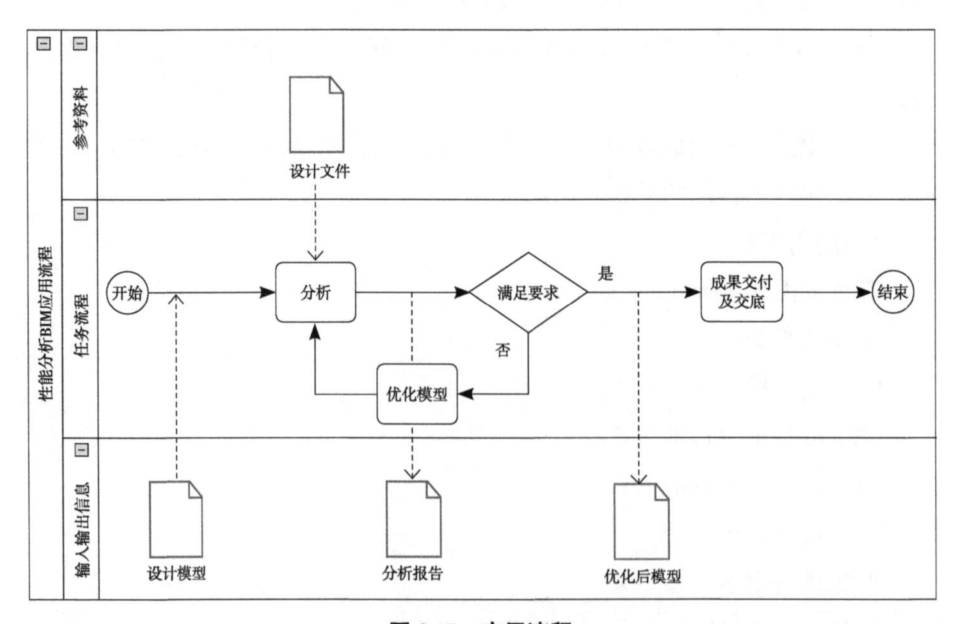

图 3-5　应用流程

3. 应用成果

性能分析成果宜包含分析报告、优化方案等。

6.4 施工阶段综合管廊信息模型应用内容

6.4.1 综合管廊信息模型在施工阶段应满足的应用内容

具体见表 3-4。

综合管廊信息模型在施工阶段的应用内容　　表 3-4

序号	阶段	应用	应用内容	基础项	可选项
1	施工阶段	三维审图	在传统的施工图会审的基础上，结合综合管廊信息模型，在建模过程中实时记录图纸的问题，通过多专业合模运行碰撞检查，找出各个专业之间以及专业内部之间设计上发生冲突的构件，形成模型审查问题清单，进行三维图纸会审	√	
2		三维可视化交底	利用模型三维可视化的特点，针对关键工序创建实体模型与施工模拟视频，并进行可视化交底。让人清晰地识别复杂节点部位的结构，使施工人员做到“心中有数”，提高施工质量及效率	√	
3		深化设计	对模型进行施工深化，如管线优化、土建节点优化等，并考虑施工可行性、后期维护等因素使模型达到可指导施工精度	√	
4		施工场地规划	不同阶段对施工场地布置进行协调管理，检验施工场地布置的合理性，优化场地布置	√	
5		施工放样	将现场设备布设点与模型关联，从模型中直接提取所需安装或施工的控制点位置信息进行施工放样，直接导入模型并通过读取控制点信息的自动放样测量仪器用于施工		√
6		模板、脚手架方案	通过软件缩短脚手架专项施工方案编制时间，提升技术方案编制效率，提高专项施工方案数据准确性	√	
7		土方开挖策划	通过地形模型，策划土方开挖方案，如出土口、车道的设计、土方开挖顺序等	√	
8		钢筋加工管理	通过模型为基础进行钢筋建模，钢筋模型完成后生对钢筋模型及下料进行优化，生成钢筋下料单，在满足要求的条件下，减少钢筋消耗并计算工程量	√	
9		大型设备运输路径分析	基于模型，动态模拟大型设备的安装、检修路径，优化措施方案		√
10		施工方案模拟	对于重要、复杂施工节点，在模型中添加施工设备及机具，结合施工方案进行精细化施工模拟，检查方案可行性	√	

续表

序号	阶段	应用	应用内容	基础项	可选项
11	施工阶段	工程进度管控	利用信息模型技术辅助进行工程总进度计划，年度、季度、月度计划和重要节点控制计划等管理，并开展进度监控及纠偏	√	
12		进度控制	利用信息模型技术在施工过程中的实际进度和计划进度跟踪对比分析、进度预警、进度偏差分析及调整。在进度控制应用中，基于进度管理模型和实际进度信息完成进度对比分析，并基于偏差分析结果更新进度管理模型	√	
13		管线搬迁与道路翻交模拟	创建市政综合管线、道路翻交模型，分阶段模拟管线搬迁，模拟市政类项目构筑物外交通疏解过程，检查方案可行性		√
14		应急预案模拟	通过模型对项目进行应急预案模拟，便于理解、宣传，提高作业人员对预案的掌握程度，方便应急指挥、管理		√
15		质量安全管理	利用信息模型技术模拟分析施工过程中的危险区域、质量控制要点区域等质量安全隐患，降低事故风险	√	
16		施工资源管理与优化	利用信息模型技术，开展办公与生活临时设施协调、施工平面协调、施工工序与工作面协调等施工资源管理与优化的分析及交底，提高各工序的配合程度	√	
17		施工组织模拟	基于施工图设计模型或深化设计模型和施工组织设计等相关资料融入工序安排、资源配置、进度计划创建施工组织模型，并根据模拟需求将项目的工序安排、资源配置和平面布置等信息关联到模型中，并进行可视化模拟	√	

6.4.2　三维图纸会审

1. 一般规定

（1）图纸会审宜应用模型的三维可视化功能，直观展示土建主体、机电设备及管线的空间结构关系及相关构件参数信息。

（2）通过对模型进行浏览、观察、剖切、视角切换、漫游，判断综合管廊信息模型中包含的构件是否完整，所包含的内容及深度是否符合交付要求，进行模型完整性检查。

（3）通过与项目设计要求、设计规范、建模规范的对接以及三维数字化模型检验设计技术，进行模型合理性检查。

（4）图纸会审应用交付成果宜包括图纸会审阶段模型、图纸会审记录等。

（5）应用流程

①利用审核机制进行基础模型审核，同步记录单专业图纸问题。

②进行多专业的碰撞检查，找出各个专业之间以及专业内部之间发生冲突的构件，进行记录。

③形成模型审查问题清单，与技术部门人员进行协调。

④配合项目总工组织施工图纸会审工作。

2. 应用成果

具体见表 3-5。

应用成果 **表 3–5**

序号	输出成果	成果格式
1	图纸截图	.jpg
2	三维模型图片	.jpg
3	模型审查问题表	.doc

6.4.3 三维可视化交底

1. 一般规定

（1）应用概述

利用信息模型软件的可视化功能，进行施工模拟，形成工艺视频，实现可视化交底。利用所建立的三维模型，将施工工艺、关键节点等施工过程以三维动画的形式展现出来，并形成视频文件。在施工交底时，通过播放施工工艺过程模拟，能直观、简洁地展示施工工艺。主要应用于滑模、土方开挖等重难点方案、管廊交叉口、过河段等复杂节点、重点施工工艺。

（2）应用流程

①根据施工组织设计，结合项目特点，选取重难点方案及复杂节点部位进行建模。

②根据施工组织方案的施工工艺对整体施工安排进行可视化展示，让参与各方、工人更加直观了解施工方法。

2. 应用成果

具体见表 3-6。

应用成果 **表 3–6**

序号	输出成果	成果格式
1	三维模型交底	.RVT
2	交底视频	.avi
3	三维图片	.bmp、.jpg
4	交底书	.doc

6.4.4　深化设计

1. 一般规定

（1）施工建造中的现浇混凝土结构深化设计、装配式混凝土结构深化设计、钢结构深化设计、管线深化设计等宜应用信息模型技术。

（2）深化设计应确定深化内容、深化应用成果，并应将施工操作规范、施工工艺及现场实际情况融入深化模型进行模型元素进行深化设计，形成满足相关技术规范及现场施工的成果文件。

（3）深化设计软件应具备空间协调、快速出图和工程量统计等功能。

（4）深化设计成果应包括深化设计模型、深化设计图、深化过程记录表、工程量清单和深化内容审批记录等内容。

2. 现浇混凝土结构深化设计

（1）应用要求

①现浇混凝土结构深化设计中的防水、变形缝、出线口、通风口、吊装口等节点优化、预埋件深化设计等宜应用信息模型技术。

②在现浇混凝土结构深化设计应用中，可基于施工图设计模型或施工图融入施工工艺操作规范创建深化设计模型，输出深化成果。

③现浇混凝土结构深化设计模型除应包括施工图设计模型元素外，还应包括防水、变形缝、出线口、通风口、吊装口等节点类型的模型元素，其内容宜符合表3-7规定。

现浇混凝土结构深化设计模型元素及信息　　表3–7

模型元素类型	模型元素	模型信息	
		几何信息	非几何信息
上游模型	施工图设计模型元素	施工图设计模型信息	
预埋件及预留孔洞	预埋件、预埋管、预埋螺栓等，以及预留孔洞	位置和几何尺寸	类型、材料信息等
节点	节点区域的材料，模板、脚手架以及型钢等	位置、几何尺寸及排布	节点编号、节点区域材料信息、钢筋信息（等级、规格等）、型钢信息、节点区域预埋信息等

（2）应用流程

具体如图3-6所示。

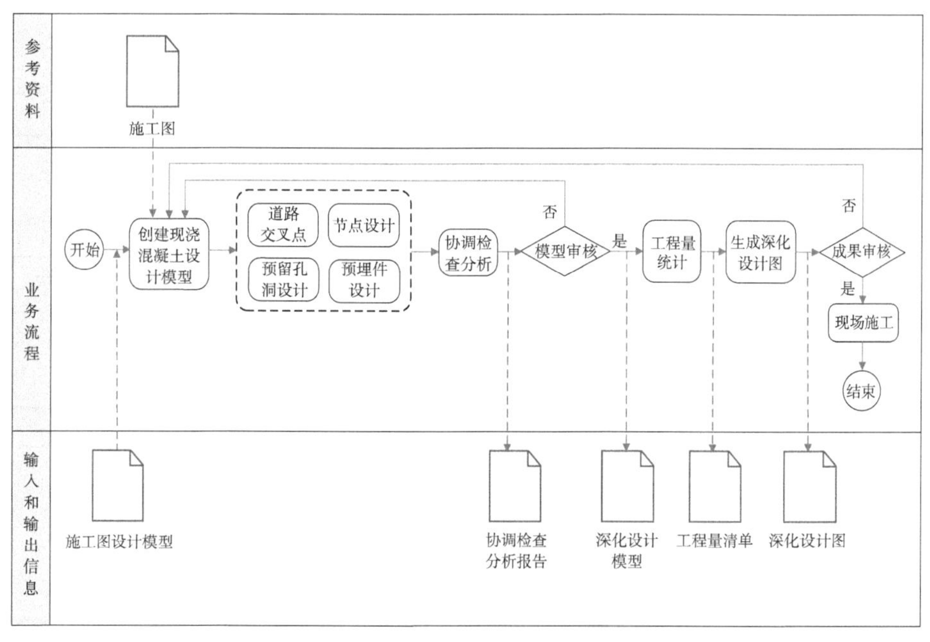

图 3–6　应用流程

（3）应用成果

现浇混凝土结构深化设计应用交付成果宜包括深化设计模型、深化设计图、工程量清单、协调检查分析报告等。

（4）软硬件要求

应具备以下功能：

①孔洞预留及预埋件设计。

②节点优化。

③深化图生成。

3. 装配式混凝土结构深化设计

（1）应用要求

①装配式混凝土结构深化设计中的预制构件平面布置、拆分设计，以及节点设计等宜应用信息模型技术。

②在装配式混凝土结构深化设计应用中，可基于施工图设计模型或施工图融入预制方案、施工工艺方案等创建深化设计模型，输出深化成果等。

③装配式混凝土结构深化设计模型除施工图设计模型元素外，还应包括预埋件和预留预埋、节点和临时安装措施等类型的模型元素，其内容宜符合表 3-8 的规定。

装配式混凝土结构深化设计模型元素及信息　　表 3–8

模型元素类型	模型元素	模型信息	
		几何信息	非几何信息
上游模型	施工图设计模型元素	施工图设计模型信息	
预埋件及预留预埋	预埋件、预埋管、预埋螺栓等，以及预留预埋	位置和几何尺寸	类型、材料信息等
节点	节点的材料、连接方式、施工工艺、预埋件等	位置和几何尺寸	节点编号、节点区域材料信息、钢筋信息（等级、规格等）、型钢信息、节点区域预埋信息等
临时安装措施	预制构件安装设备、支撑材料及相关辅助设施	位置和几何尺寸	类型、材料信息、设备设施的性能参数等信息

（2）应用流程

具体如图 3-7 所示。

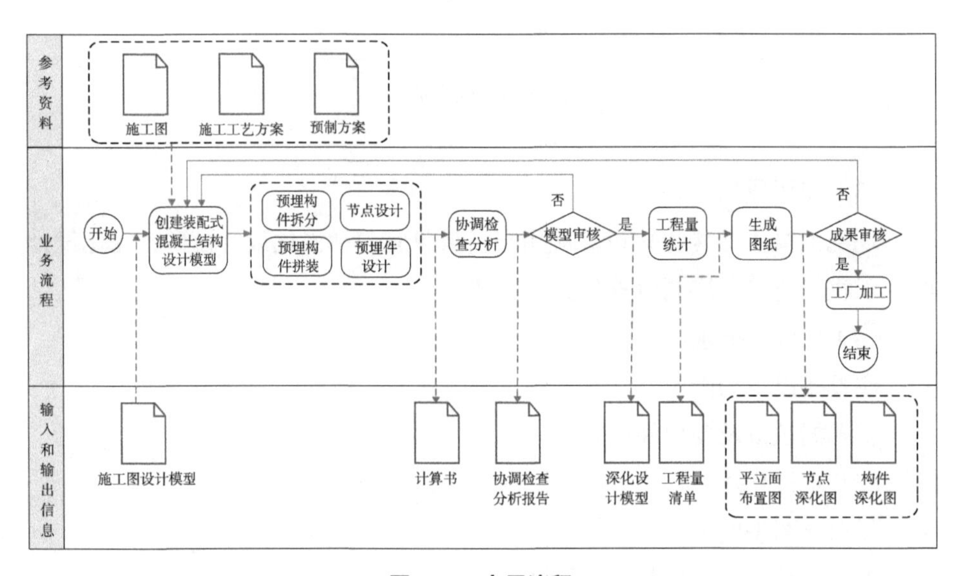

图 3–7　应用流程

（3）应用成果

装配式混凝土结构深化设计应用交付成果宜包括深化设计模型、协调检查分析报告、平立面布置图，以及节点、预制构件深化设计图和计算书、工程量清单等。

（4）软硬件要求

装配式混凝土结构深化设计软件宜具有下列专业功能：

①预制构件拆分。

②模型的检查分析。

③深化图生成。

4. 钢结构深化设计

（1）应用要求

①钢结构深化设计中的节点设计、预留孔洞、预埋件设计、专业协调等宜应用信息模型技术。

②在钢结构深化设计应用中，可基于施工图设计模型或施工图等相关设计文件融入施工工艺规范创建钢结构深化设计模型，输出深化设计成果等。

③钢结构深化设计模型除应包括施工图设计模型元素外，还应包括节点、预埋件、预留孔洞等模型元素，其内容宜符合表 3-9 的规定。

钢结构深化设计模型元素及信息　　表 3–9

模型元素类型	模型元素	模型信息	
		几何信息	非几何信息
上游模型	施工图设计模型元素	施工图设计模型信息	
预埋件及预留预埋	预埋件、预埋管、预埋螺栓等，以及预留预埋	位置和几何尺寸	类型、材料信息等
节点	节点的材料、连接方式、施工工艺、预埋件等	位置和几何尺寸	构件编号、构件材料信息、螺栓信息（等级、规格等）

（2）应用流程

具体如图 3-8 所示。

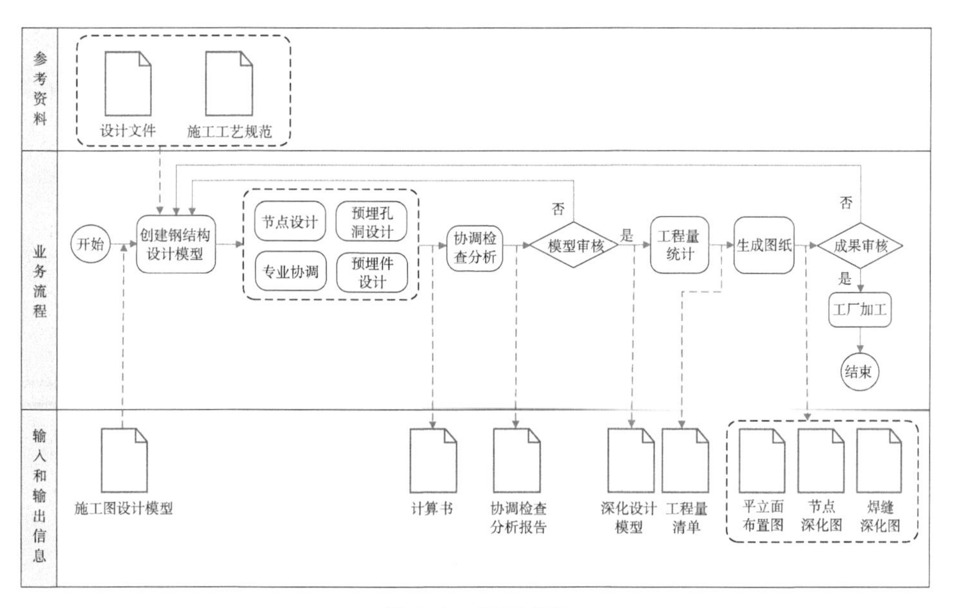

图 3–8　应用流程

（3）应用成果

钢结构深化设计应用交付成果宜包括钢结构深化设计模型、平立面布置图、节点深化设计图、计算书及协调检查分析报告等。

（4）软硬件要求

钢结构深化设计软件宜具有下列专业功能：

①钢结构节点设计。

②预留孔洞、预埋件设计。

③模型可导出至协同平台。

④模型的检查分析。

⑤深化图生成。

5. 廊外管线深化设计

（1）应用要求

①廊外管线深化设计中的专业协调、管线综合、参数复核、支吊架设计、设备布置、机电末端和预留预埋定位等工作应采用信息模型技术。

②在廊外管线深化设计应用中，可基于施工图设计模型或廊外管线等相关设计文件融入施工工艺规范创建廊外管线深化设计模型，完成管线综合、校核系统合理性优化，输出深化设计成果等。

③深化设计过程中，应在廊外管线模型中补充或完善设计阶段未确定的设备、附件、末端等模型元素。

④廊外管线综合布置完成后应对系统参数及管线间距等进行复核，检查是否符合设计要求及现场施工要求等。

⑤廊外管线深化设计模型除应包括施工图设计模型元素外，还应包括廊外管线及设备具体尺寸、位置及标高、支架、管道套管及保温层、减震设施等模型元素及信息。

（2）应用流程

具体如图 3-9 所示。

（3）应用成果

廊外管线深化设计成果应包括廊外管线深化设计模型、廊外管线深化设计图纸、设备材料统计表、协调检查分析报告等内容。

（4）软硬件要求

廊外管线深化设计软件宜具有下列专业功能：

①管线综合。

②支吊架布置。

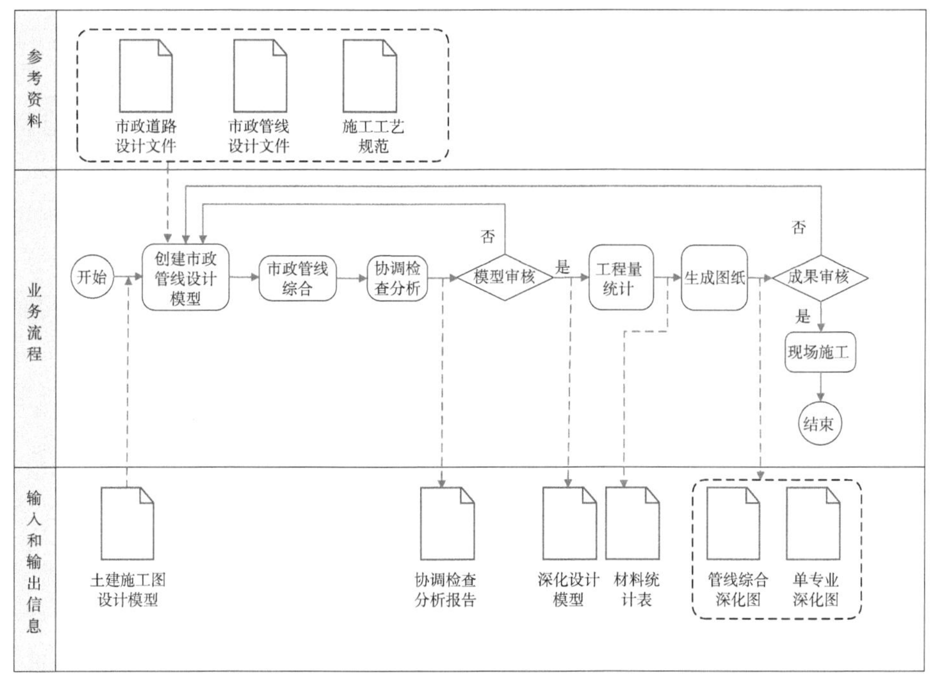

图 3-9 应用流程

③模型可导出至协同平台。

④模型的检查分析。

⑤深化图生成。

6.4.5 施工场地规划

1. 一般规定

（1）施工场地模型应根据施工安全文明规范、施工过程工艺等文件创建。

（2）施工场地模型宜按统一的规则和要求创建。当按专业或任务分别创建时，宜采用统一的软件版本、坐标系、原点和度量单位，保证各模型协调一致，并能够集成应用。

2. 总平面布置规划

（1）应用要求

①对于原始场地条件不佳、施工场地狭小、对安全文明施工要求高的项目应采用信息模型技术进行施工总平面布置并进行优化。一般场地条件施工平面布置宜应用信息模型技术。

②在总平面布置规划应用中，可基于施工图设计模型、施工深化模型或总图等相关设计文件融入施工组织设计创建施工场地模型，完成总平面布置、

场地规划合理性优化，输出深化设计成果等。

③施工场地模型应包括建筑设施、周边环境、施工区域、临时道路、临时设施、加工区域、材料堆场、临水临电、施工机械、安全文明施工设施等模型元素。

（2）应用流程

具体如图 3-10 所示。

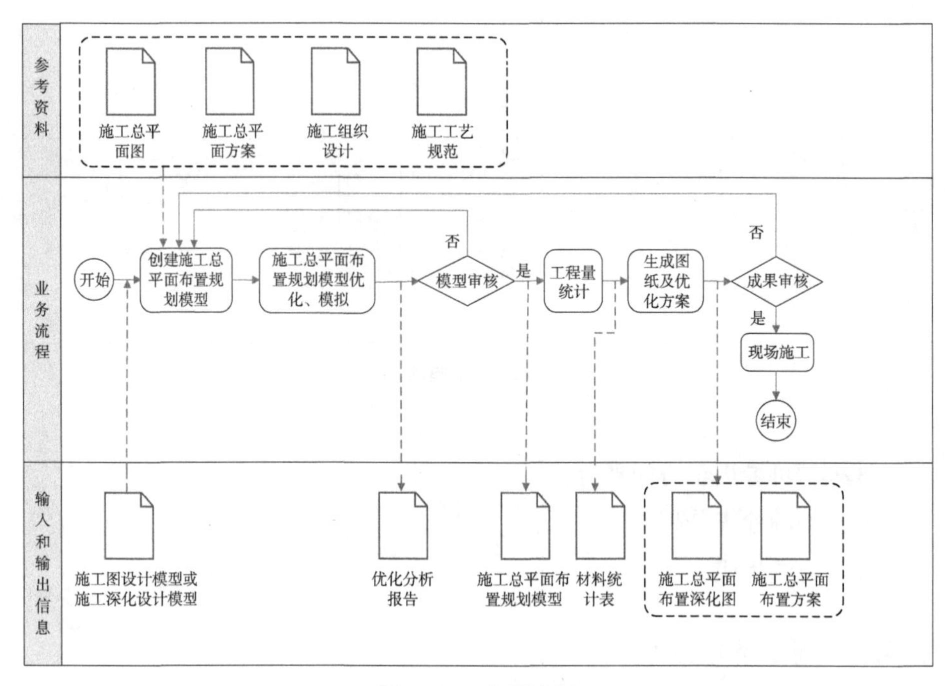

图 3–10　应用流程

（3）应用成果

总平面布置规划成果应包括施工场地模型、总平面布置规划图、设备材料统计表、优化分析报告等内容。

（4）软硬件要求

总平面布置规划信息模型软件宜具有下列专业功能：

①管线综合。

②设备模型元素库。

③模型可导出至协同平台。

④模型的检查分析。

⑤深化图生成。

6.4.6 施工放样

1. 应用要求

（1）施工放样中的数据自动提取及数据校核宜采用信息模型技术。

（2）在施工放样应用中，可基于深化设计模型、场地图纸及测量控制点信息校验模型的完整性、准确性，并提取相关放样点的空间位置数据，辅助及校核现场施工放样。

2. 应用流程

具体如图 3-11 所示。

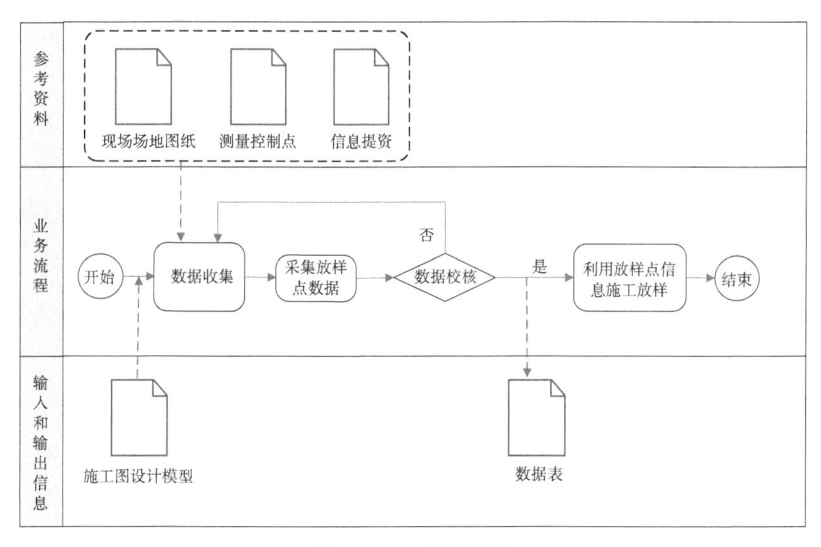

图 3-11 应用流程

3. 应用成果

施工放样的成果宜包括项目平面位置、高程位置的施工放样点数据及监控、检测报告等。

4. 软件要求

信息模型软件提取的空间位置数据可与自动放样设备等测量设备集成应用。

6.4.7 模板、脚手架方案策划

1. 应用要求

（1）模板、脚手架的方案策划宜应用信息模型技术。

（2）通过软件缩短脚手架专项施工方案编制时间，提升技术方案编制效率，提高专项施工方案数据准确性。

2. 应用流程

具体如图 3-12 所示。

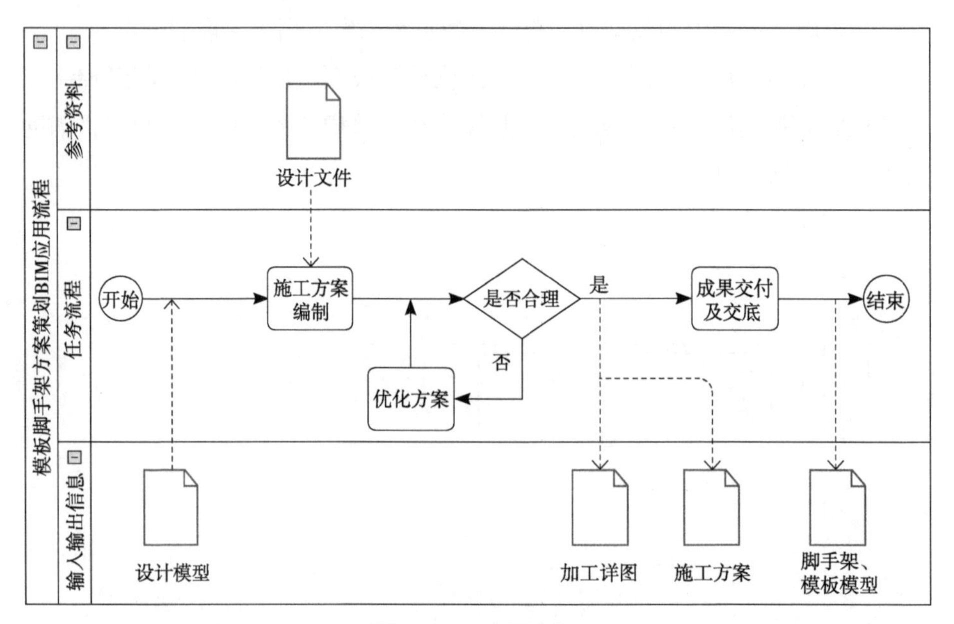

图 3–12　应用流程

3. 应用成果

模板、脚手架方案策划成果宜包括模板加工详图、危险部位的安全计划书等。

6.4.8　土方开挖策划

1. 应用要求

土方开挖前通过地形模型，策划土方开挖方案，如出土口、车道的设计、土方开挖顺序等。

2. 应用流程

具体如图 3-13 所示。

3. 应用成果

土方开挖模拟成果宜包括土方开挖模拟视频、土方开挖策划方案等。

6.4.9　钢筋加工管理

1. 应用要求

（1）通过综合管廊信息模型为基础进行钢筋建模并计算工程量。

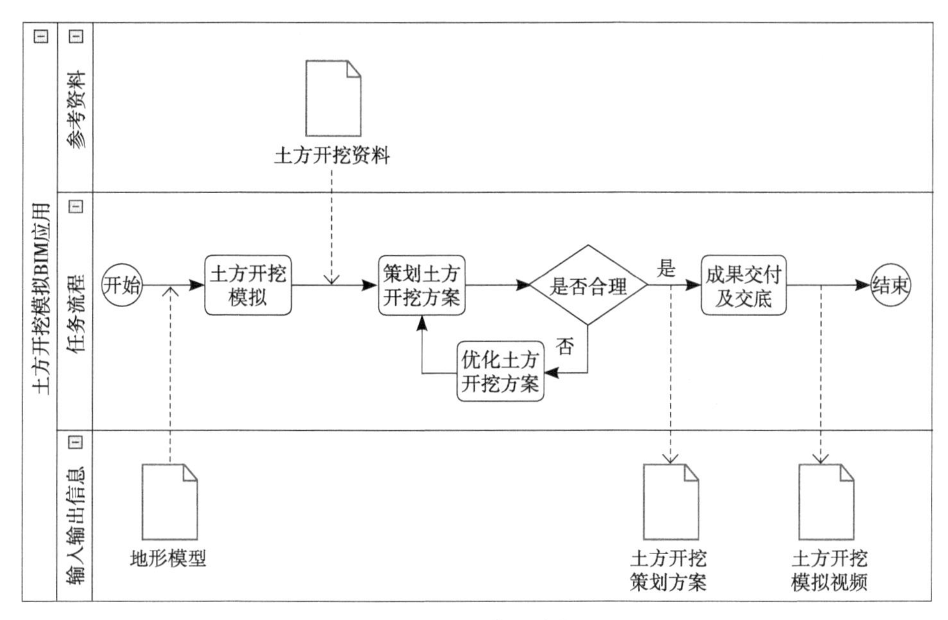

图 3-13 应用流程

（2）钢筋模型完成后对钢筋模型及下料进行优化，生成钢筋下料单，在满足要求的条件下，减少钢筋消耗。

2. 应用流程

具体如图 3-14 所示。

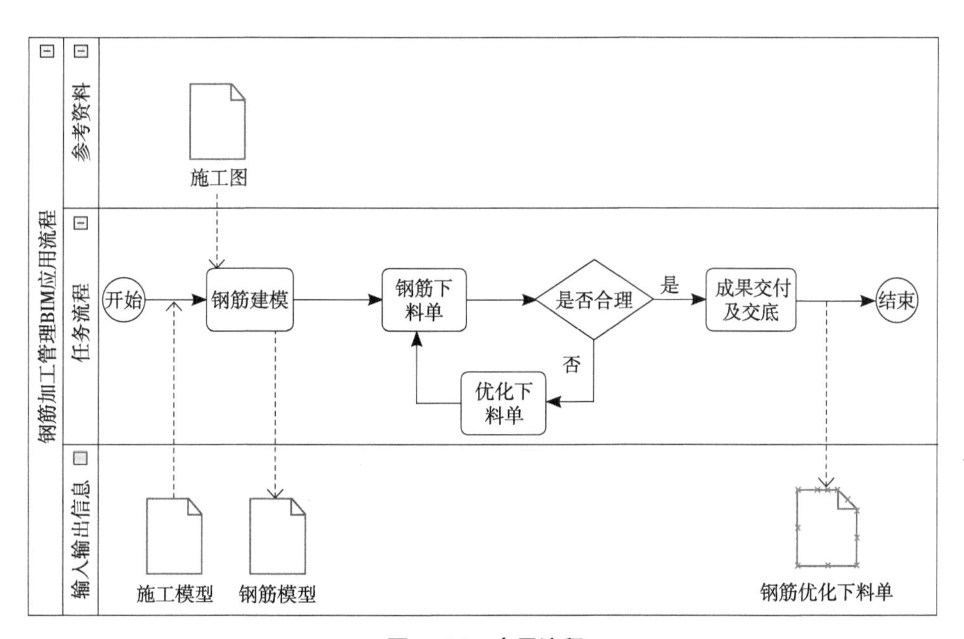

图 3-14 应用流程

3. 应用成果

钢筋加工管理成果宜包含钢筋模型、钢筋用量、钢筋优化下料单等。

6.4.10　大型设备运输路径检查

1. 应用要求

（1）大型设备运输路径检查验证等应用宜采用信息模型技术。

（2）在大型设备运输路径检查应用中，可基于深化设计模型及大型设备模型，设定大型设备安装检修路径，进行设备安装检修路径检查及修改，生成检查报告及运输路径模拟视频。

（3）大型设备运输路径检查报告需包含运输碰撞点位置、碰撞对象等。

2. 应用流程

具体如图 3-15 所示。

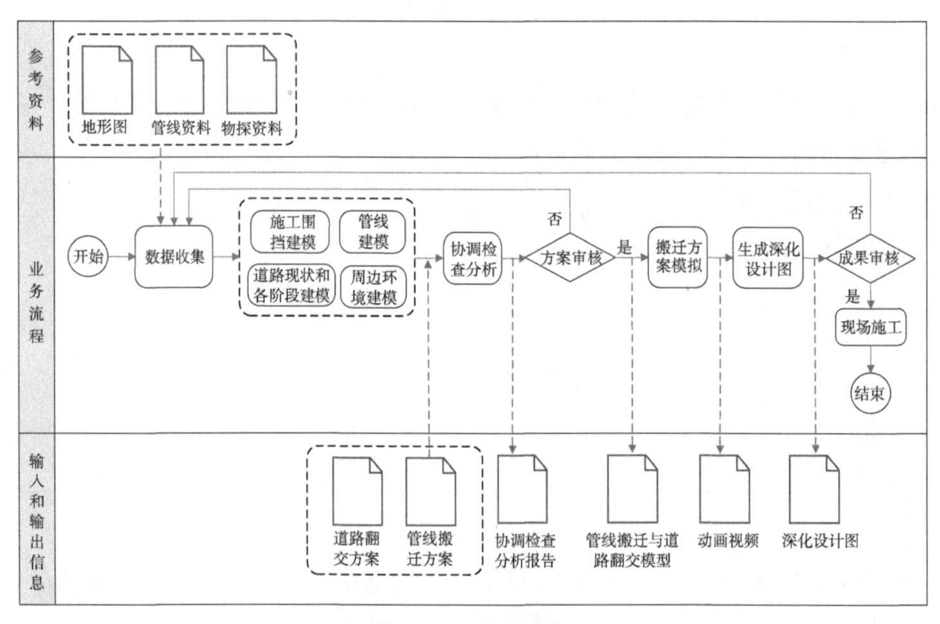

图 3-15　应用流程

3. 应用成果

大型设备运输路径检查的成果宜包括项目的运输路径检查模型、检查报告、运输路径模拟视频等。

4. 软硬件要求

应具备运输路径检查、视频模拟等功能。

6.4.11 施工方案模拟

1. 应用要求

（1）施工过程中大型设备及构件安装、垂直运输、节点等施工模拟宜应用信息模型技术。

（2）在施工方案模拟应用中，可基于施工深化模型和施工图、施工操作规范等资料创建施工方案模型，并将施工方案信息与模型关联，输出施工方案模拟成果和方案交底。

（3）在施工模拟前应完成相关施工方案的编制，确认工艺流程及相关技术要求。

2. 应用流程

具体如图 3-16 所示。

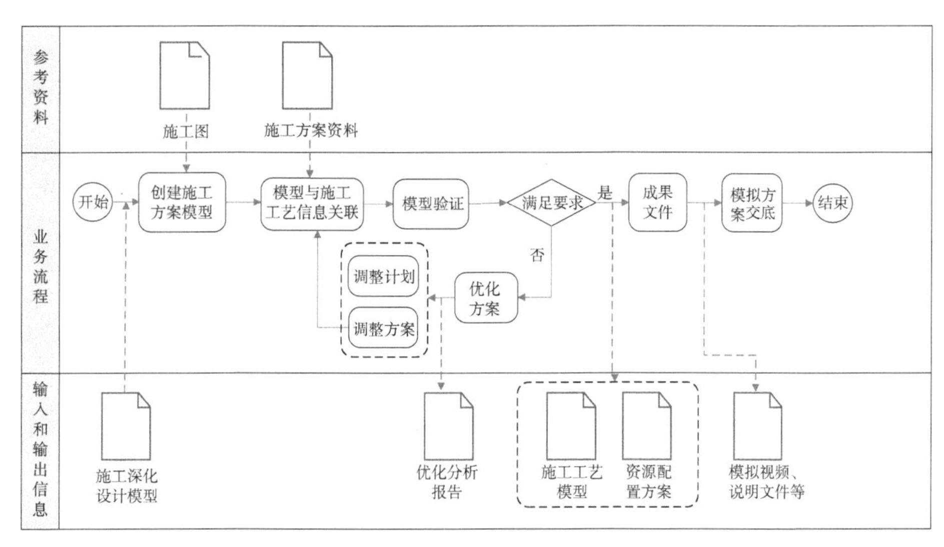

图 3–16 应用流程

3. 应用成果

施工方案模拟应用成果宜包括施工方案模型、可视化资料、施工优化报告等，基于模型应用成果进行可视化展示或施工交底。

4. 软硬件要求

施工方案模拟软件宜具有下列专业功能：

（1）将施工方案、进度计划等相关信息与模型关联。

（2）进行碰撞检查（包括空间冲突和时间冲突检查）和净空检查等。

（3）输出模拟报告以及相应的可视化资料。

6.4.12　进度计划编制

1. 应用要求

（1）施工过程中进度计划编制宜应用信息模型技术。

（2）进度计划编制信息模型应用应根据项目组织安排和进度控制需求进行。

（3）进度控制信息模型应用过程中，应对实际进度的原始数据进行收集、整理、统计和分析，并将实际进度信息关联到进度管理模型。

（4）进度计划编制中的工程总进度计划、年度计划、季度计划、月度计划和重要节点控制计划等管理宜应用信息模型技术。

（5）在进度计划编制信息模型应用中，可基于深化设计模型添加计划开工时间、竣工时间、任务资源以及关键线路等信息创建进度管理模型，完成进度优化、资源配置等，并通过进度计划审查。

（6）创建进度管理模型时，应根据工作分解结构对深化设计模型或预制加工模型进行拆分或合并处理，并将进度计划与模型关联。

（7）应基于工程量以及人工、材料、机械等因素对施工进度计划进行优化，并将优化后的进度计划信息关联至模型中。

2. 应用流程

具体如图 3-17 所示。

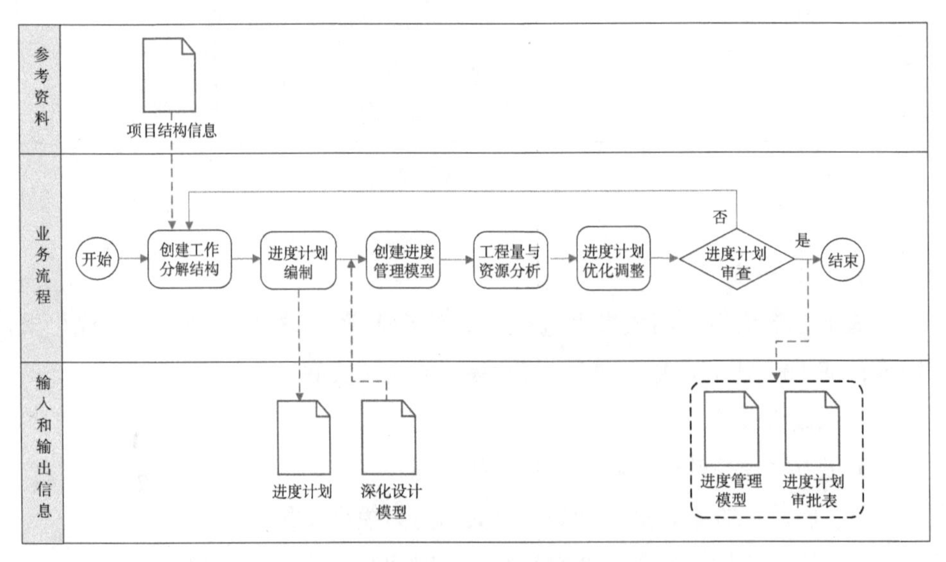

图 3-17　应用流程

3. 应用成果

进度计划编制应用成果宜包括进度管理模型、进度优化方案以及可视化模拟成果等。

4. 软硬件要求

进度计划编制软件宜具有下列专业功能：

（1）接收、编制、调整、输出进度计划等。

（2）进度与资源优化。

（3）可视化模拟成果输出。

6.4.13 进度控制

1. 应用要求

（1）施工过程中的实际进度和计划进度跟踪对比分析、进度预警、进度偏差分析及调整等宜应用信息模型技术。

（2）在进度控制应用中，应基于进度管理模型和实际进度信息完成进度对比分析，并应基于偏差分析结果更新进度管理模型。

2. 应用流程

具体如图 3-18 所示。

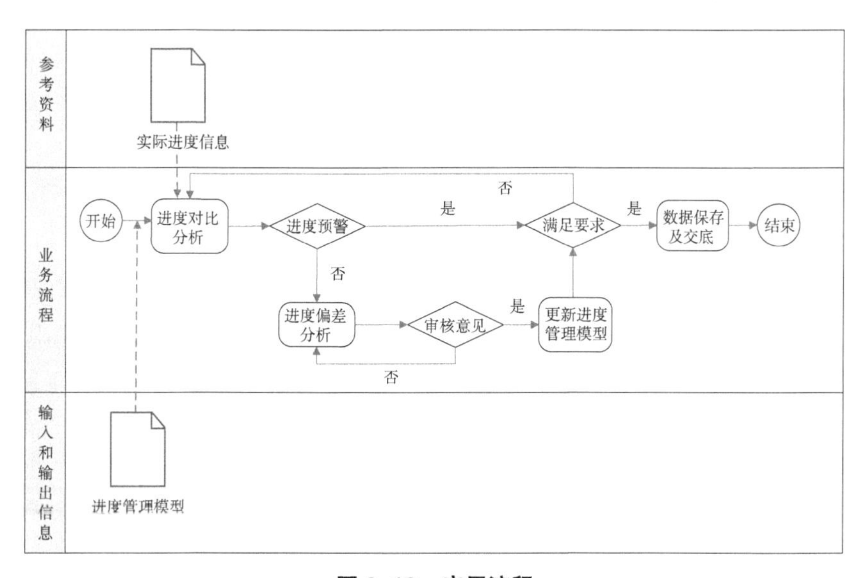

图 3-18　应用流程

3. 应用成果

进度控制应用成果宜包括进度管理模型、进度预警报告以及进度计划变更文档等。

4. 软硬件要求

进度控制软件宜具有下列专业功能：

（1）进度计划调整。

（2）将实际进度信息附加或关联到模型中。

（3）不同视图下的进度对比分析。

（4）可视化模拟成果输出。

6.4.14　管线搬迁与道路翻交模拟

1. 应用要求

（1）根据道路翻交方案及前期图纸等资料，构建道路现状模型与各阶段道路翻交模型。模型应能准确体现各阶段道路布局变化及周边环境的相应变化。

（2）图纸应包含管线搬迁方案平面图、断面图，地下管线探测成果图，障碍物成果图，管线搬迁地区周边建筑地块图纸，道路翻交方案平面图及地形图等。

（3）基于道路现状模型与各阶段道路翻交模型开展方案模拟分析，形成相应视频材料。视频应清晰展现各施工阶段管线搬迁方案、道路翻交方案、管线与周边建构筑物位置的关系及道路翻交方案随进度计划变化的状况。

2. 应用流程

具体如图 3-19 所示。

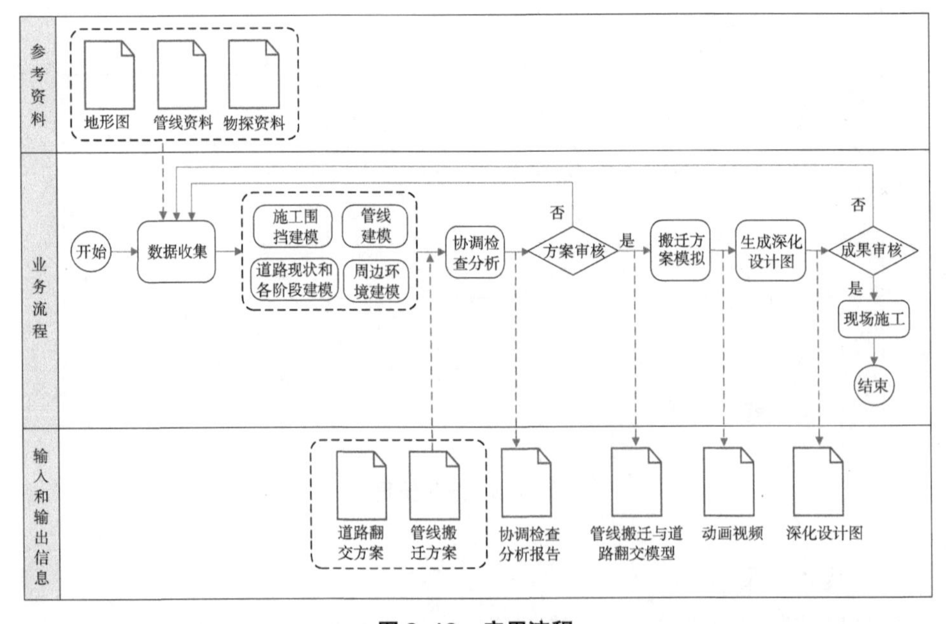

图 3-19　应用流程

3. 应用成果

（1）管线搬迁方案报告。

（2）管线搬迁模型。

（3）动画视频。

（4）深化设计图。

4. 软硬件要求

管线搬迁与道路翻交模拟软件应满足动画模拟分析的功能。

6.4.15 应急预案模拟

1. 应用要求

（1）应急预案模拟宜应用信息模型技术。

（2）在应急预案模拟应用中，可基于施工深化模型和应急预案方案等资料创建施工应急预案模型，并将应急预案方案信息与模型关联，输出施工方案模拟成果和方案交底。

2. 应用成果

应急预案模拟应用成果宜包括应急预案方案模型、可视化资料、应急预案模拟视频等；基于模型应用成果进行可视化演示。

3. 软硬件要求

施工应急预案模拟软件宜具有下列专业功能：

（1）将施工应急预案方案等相关信息与模型关联。

（2）进行应急预案合理性及可行性分析。

（3）输出模拟报告以及相应的可视化资料。

6.4.16 质量安全管理

1. 应用要求

（1）施工过程的质量与安全管理等宜应用信息模型技术。

（2）质量与安全管理应用过程中，应根据施工现场的实际情况和工作计划，对质量控制点和危险源进行动态管理。

（3）工程项目施工质量管理中的质量验收计划确定、质量验收、质量问题处理、质量问题分析等宜应用信息模型技术。

（4）根据项目质量管理目标，宜应用模型对施工重要样板做法、质量管控要点等进行精准管控，提升工程建造质量。

（5）质量管理应用中，宜利用模型按部位、时间、施工人员等对质量信息和问题进行汇总和展示。

（6）安全管理宜应用信息模型技术，辅助现场安全培训，模拟分析施工过程分析的危险区域、施工空间冲突等安全隐患，并提前制定相应安全预案措施。

2. 应用流程

具体如图3-20所示。

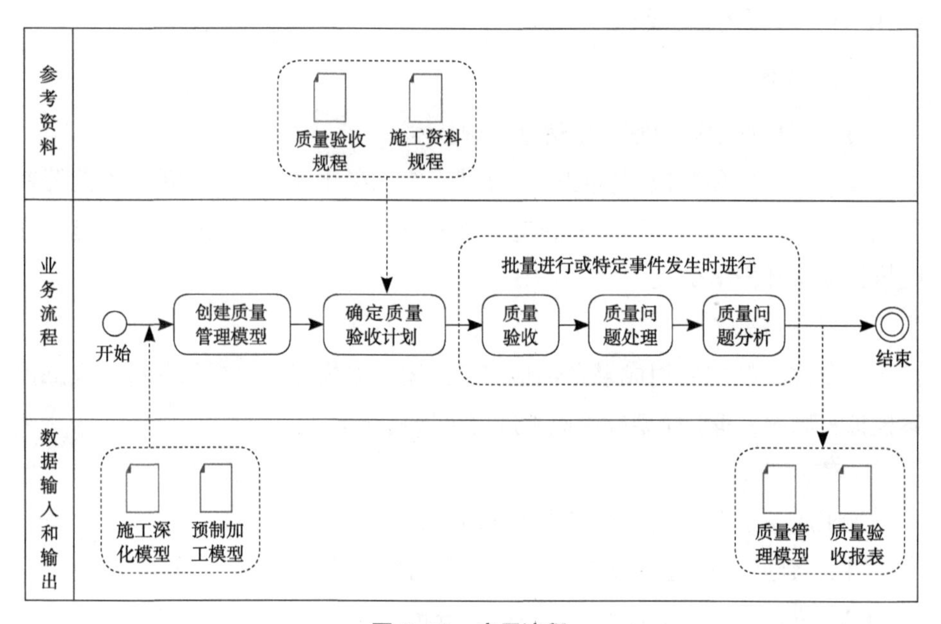

图3–20　应用流程

3. 应用成果

质量管理应用宜包括质量管理模型、质量验收报告、安全模型、VR视频等。

4. 软硬件要求

质量安全管理软件应具有下列功能：

（1）根据安全技术措施计划，识别安全危险源。

（2）基于模型进行施工安全技术交底。

（3）附加或关联质量安全隐患、事故信息及安全质量检查信息。

（4）支持基于模型的查询、浏览和显示危险源、安全隐患及事故信息。

（5）输出质量安全管理需要的信息。

6.4.17 施工协调管理与优化

1. 应用要求

（1）施工过程中的施工工序与工作面协调、施工组织等宜应用信息模型技术。

（2）施工协调管理应考虑进度、资源及空间等因素，开展施工组织、施工工序与工作面协调等施工资源管理与优化的分析及交底，提高各工序的配合程度。

（3）基于模型的施工工序与工作面协调应结合三维模型对施工进度、施工组织相关控制节点进行施工模拟，展示不同的进度控制节点、工作面交叉节点及工程各专业的施工进度。

2. 应用流程

具体如图 3-21 所示。

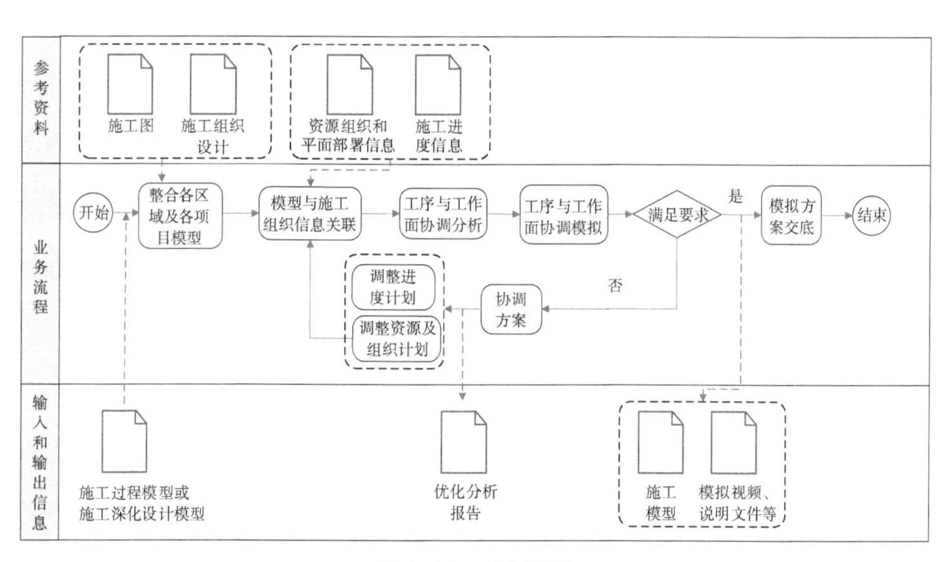

图 3-21　应用流程

3. 应用成果

施工协调管理成果应包括协调优化模型、深化图、工程量清单和视频动画等内容。

4. 软硬件要求

施工协调管理软件应具备时间协调、空间协调、快速出图和工程量统计等功能。

6.4.18　施工组织模拟

1. 应用要求

（1）施工组织设计中工序安排、资源配置、进度计划等宜应用信息模型技术。

（2）在施工组织模拟应用中，可基于施工图设计模型或深化设计模型和施工组织设计等相关资料融入工序安排、资源配置、进度计划创建施工组织模型，输出模拟成果与方案交底。

（3）施工组织模拟前应明确应用内容及成果，并根据模拟需求将项目的工序安排、资源配置和平面布置等信息关联到模型中，并进行可视化模拟。

2. 应用流程

具体如图3-22所示。

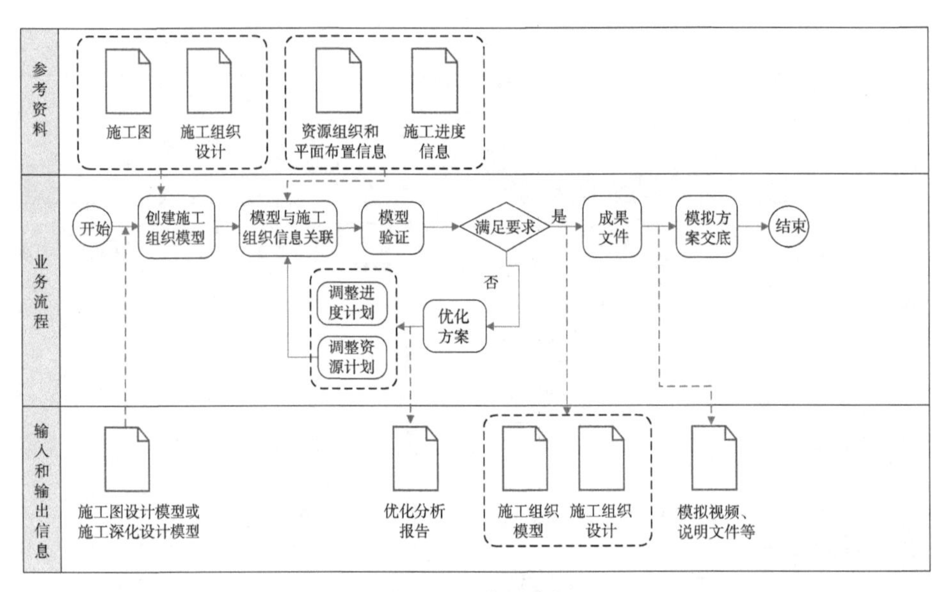

图3-22　应用流程

3. 应用成果

施工组织模拟应用成果宜包括施工组织模型、可视化资料、施工组织优化报告等。

4. 软硬件要求

施工组织模拟软件宜具有下列专业功能：

（1）将施工进度及资源配置计划等相关信息与模型关联。

（2）进行碰撞检查（包括空间冲突和时间冲突检查）和净空检查等。

（3）输出模拟报告以及相应的可视化资料。

6.5 运维阶段

6.5.1 综合管廊信息模型在运维阶段应满足的应用内容

具体见表3-10。

综合管廊信息模型在运维阶段的应用内容　　表3-10

序号	应用阶段	应用点	应用点描述	基础项	可选项
1	运维阶段	维护管理	基于综合管廊信息模型，对设施设备常态的维护管理以及大修、翻新工作进行定时提醒，提前进行方案预设，做好人员、设施设备的准备工作		√
2		应急事件处置	采用信息模型技术，进行常规性的应急事件模拟应对，制定突发事件应急预案		√
3		资产管理与统计	将资产信息统一纳入信息模型运维管理平台，利用运维模型统筹管理项目资产信息		√
4		设备集成与监控	对于项目相关集成设备，利用信息模型运维管理平台实时查看和监控，通过可视化的展示，在运维操作台统一分类、定位和管理		√

6.5.2 一般规定

1. 运维阶段模型创建，应符合下列要求：

（1）宜基于竣工模型创建，并根据运行管理需要对模型进行补充和简化。

（2）应根据运行管理需要对模型进行拆分与组织。

（3）应经过现场复核，保证模型符合现场实际。

（4）应对几何模型进行优化、合并和精简等轻量化处理。

（5）模型元素的几何信息和非几何信息要求，应符合本技术指南表3-2的规定。

2. 运行管理过程中，应对运维模型进行维护与更新，保证模型与现场实际一致。

3. 基于综合管廊信息模型的运行管理系统平台搭建，应符合下列要求：

（1）应根据综合管廊巡检、维护管理和设施设备特点需要确定系统功能。

（2）宜采用信息模型技术与地理信息系统相融合的技术，并与视频监控、监测系统等智能化系统集成。

（3）应具有开放性、兼容性和可扩展性，具有开放的数据集成接口，并符合信息安全的要求。

4. 运维阶段信息模型应用内容，建设单位应收集整理竣工模型和与之对应的设备材料清单，为运维阶段提供基础数据。

6.5.3　维护管理

1. 运维管理平台在维护管理模块的应用设置宜满足下列要求：

（1）运维管理平台设置和参数运用宜按照现行国家标准《城市综合管廊工程技术规范》GB 50838—2015 执行。

（2）信息模型中综合管廊维护所需构件信息可被完整提取，并导入运维管理平台。

（3）运维管理平台宜根据综合管廊信息模型制定维护工作方案。

（4）建立数据库用于储存综合管廊项目的设备维护信息，包括维护周期、维护时间、人工耗费等，在运维管理平台中通过设备编码与设备模型实现关联。

2. 维护管理需准备的数据资料宜符合下列要求：

（1）综合管廊信息模型中维护构件的相关信息宜包含主体结构、防水、变形缝、管线、设备、附属物等。

（2）综合管廊信息模型宜包含完整的参数信息，并可转换为数据库格式文件。

3. 将构件信息导入运维管理平台，添加维护期、维护时间、人工耗费等属性信息，在运维管理平台设置维护提醒，并实施维护工作。

4. 维护管理的成果宜包括综合管廊项目的维护构件信息等。

6.5.4　资产管理

1. 基于模型的资产管理，应符合下列要求：

（1）应利用运维模型，建立实物和模型关联的资产数据库。

（2）宜与资产更新、替换、维护过程等动态数据集成。

（3）宜进行资产数据查询、分类统计和分析。

2. 用于资产管理的模型元素属性信息，应包括资产编码、资产名称、资产分类、资产价值、资产采购信息、资产位置信息、使用部门等资产管理相关信息。

6.5.5 设备集成与监控

1. 运维管理平台在设备集成与监控模块的应用设置宜满足下列要求：

（1）综合管廊信息模型中设备信息可被完整提取，并导入运维管理平台。

（2）运维管理平台宜根据综合管廊信息模型对设施设备参数实施维护、可视化展示和监控。

（3）建立数据库用于储存综合管廊项目设备信息，包括监控信息、实时状态信息、原始采集信息等，在运维管理平台中通过设备编码与设备模型实现关联。

2. 设备集成与监控需准备的数据资料宜符合下列要求：

（1）综合管廊信息模型中各项设备信息宜包含设备位置、设备（和系统）类别、名称、管理和维护参数等。

（2）综合管廊信息模型宜包含完整的参数信息，并可转换为数据库格式文件。

3. 运维管理平台宜对比分析设备当前监控参数和原始采集信息，预测设备运行状态；对设备（和系统）实施调取、监控、编辑等工作，并设置自动提醒功能。

4. 设备集成与监控的成果宜包括综合管廊项目设备的三维可视化、运行状态监控、自动提醒等信息。

7　传递标准

1. 综合管廊信息模型传递物应满足项目全过程相关方协同工作的需要，支持相关方获取、应用及更新信息。

2. 传递物应符合以下要求：

（1）模型精细度满足本技术指南第 5 章规定。

（2）数据信息满足现行有关工程文件编制深度规定。

（3）考虑后续阶段的应用，为后续深化预留条件。

（4）使用开放或兼容的数据格式，保障信息安全的前提下，便于即时阅读和修改。

（5）数据已经过审核、版本确认和清理。

（6）包含相关方、软硬件环境等可追溯和重现的信息。

（7）数据提供方应保障信息的完整性和正确性。

（8）使用文档或影像文件等附件补充或增强工程信息时，建立补充文件与被补充模型间的连接。

3. 各阶段向下一阶段移交的综合管廊信息模型传递物应符合表 3-11 的要求。

工程信息模型交付物　　　　表 3-11

传递物类别	规划阶段至设计阶段	设计阶段至施工阶段	施工阶段至运维阶段
项目信息模型策划书	▲	▲	▲
综合管廊信息模型	△	△	▲
可视化成果	△	△	▲
工程图纸	△	▲	▲
模型工程量清单	△	△	▲
其他附件	△	△	△

注：表中“▲”表示应具备的交付物，“△”表示宜具备的交付物。

附录一　参考的规范、标准

1.《Industry Foundation Classes（IFC）for data sharing in the construction and facility management industries》. ISO 16739-1：2018

2.《Organization and digitization of information about buildings and civil engineering works, including building information modelling（BIM）—Information management using building information modelling》. ISO 19650-1：2018

3.《Building information models—Information delivery manual》. ISO 29481-1：2016

4.《Building information modelling and other digital processes used in construction—Methodology to describe, author and maintain properties in interconnected data dictionaries》. ISO 23386：2020

5.《建筑信息模型施工应用标准》GB/T 51235—2017

6.《建筑信息模型分类和编码标准》GB/T 51269—2017

7.《建筑信息模型设计交付标准》GB/T 51301—2018

8.《制造工业工程设计信息模型应用标准》GB/T 51362—2019

9.《信息分类和编码的基本原则与方法》GB/T 7027—2002

10.《工业基础类平台规范》GB/T 25507—2010

11.《城市综合管廊工程技术规范》GB 50838—2015

12.《综合管廊工程 BIM 应用》18GL102

13.《城市基础地理信息系统技术规范》CJJ/T 100—2017

14.《城市规划数据标准》CJJ/T 199—2013

15.《三维地质模型数据交换格式（Geo3DML）》DD 2015—06

16.《民用建筑信息模型设计标准》DB11/T 1069—2014

17.《市政道路桥梁信息模型应用标准》DB/TJ 08—2204—2016

18.《建筑信息模型应用标准》DG/TJ 08—2201—2016

19.《城市轨道交通信息模型技术标准》DG/TJ 08—2202—2016

20.《城市轨道交通信息模型交付标准》DG/TJ 08—2203—2016

21.《市政给水排水信息模型应用标准》DG/TJ 08—2205—2016

22.《地下空间信息模型应用标准》(征求意见稿)

23.《信息安全技术　物联网感知终端应用安全技术要求》GB/T 36951—2018

24.《信息安全技术　网络安全等级保护基本要求》GB/T 22239—2019

25.《计算机软件可靠性和可维护性管理》GB/T 14394—2008

26.《信息技术　软件维护》GB/T 20157—2006

27.《信息技术服务　运行维护》GB/T 28827

28.《信息安全技术　应用软件系统安全等级保护通用技术指南》GAT 711—2007

29.《智慧工地建设技术标准》DB 13（J）/T 8312—2019

30.《智慧工地技术规程》DB11/T 1710—2019

31.《民用建筑信息模型应用标准》DBJ41/T 201—2018

32.《市政工程信息模型应用标准（综合管廊）》DBJ41/T 203—2018

附录二　绛溪北组团产业片区北三线综合管廊项目信息模型应用

1. 项目总体概况（附表 2-1）

北三线综合管廊 BIM 应用总体概况　　附表 2-1

内容	描述
项目名称	绛溪北组团产业片区北三线综合管廊
设计单位	中国市政工程西南设计研究总院有限公司
建设单位	成都乐成空港新城建设有限公司
使用软件平台	Autodesk
应用阶段	设计阶段、施工阶段、运维阶段
BIM 应用亮点	可视化评审、精细化设计、计算工程量、设计优化、施工模拟、施工管理、运维管理

2. 工程概况

本项目为绛溪北组团产业片区道路及综合管廊工程（一批次）设计，是绛溪北组团片区发展重要的基础设施，也是天府国际机场建成投入运营的重要保障性基础设施。本项目包含 8 条道路，本次设计涉及其中一条——北三线，桩号范围为 K0+199.789 ~ K1+044.603，道路全长共 844.814m。本次设计包含道路工程、交通工程、排水工程、照明工程、电力工程、综合管廊工程、涵洞工程（附图 2-1 和附图 2-2）。

附图 2-1　管廊横断面

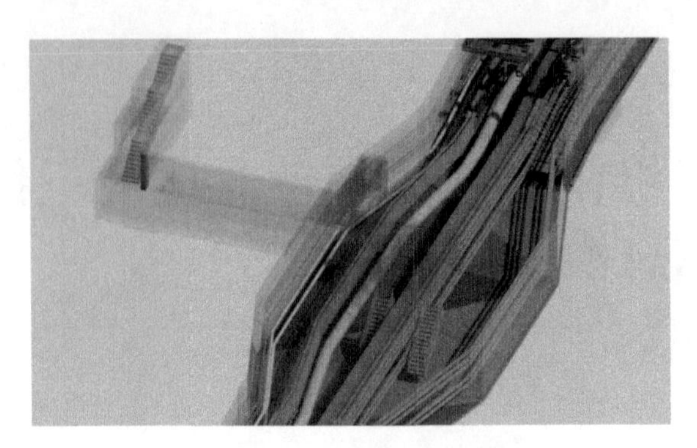

附图 2-2　管廊内部管线

3. 实施方案

该项目是一个全生命周期的 BIM 应用试点项目，在项目之初，为了保证全生命周期的顺利实施，项目组单独编制了《成都天府国际空港新城 BIM 建模工作标准》，对各个阶段的 BIM 模型做了具体要求，保证了模型的可传递性。

在前期，项目组规划了各个阶段的实施流程，BIM 实施流程如附图 2-3 所示。

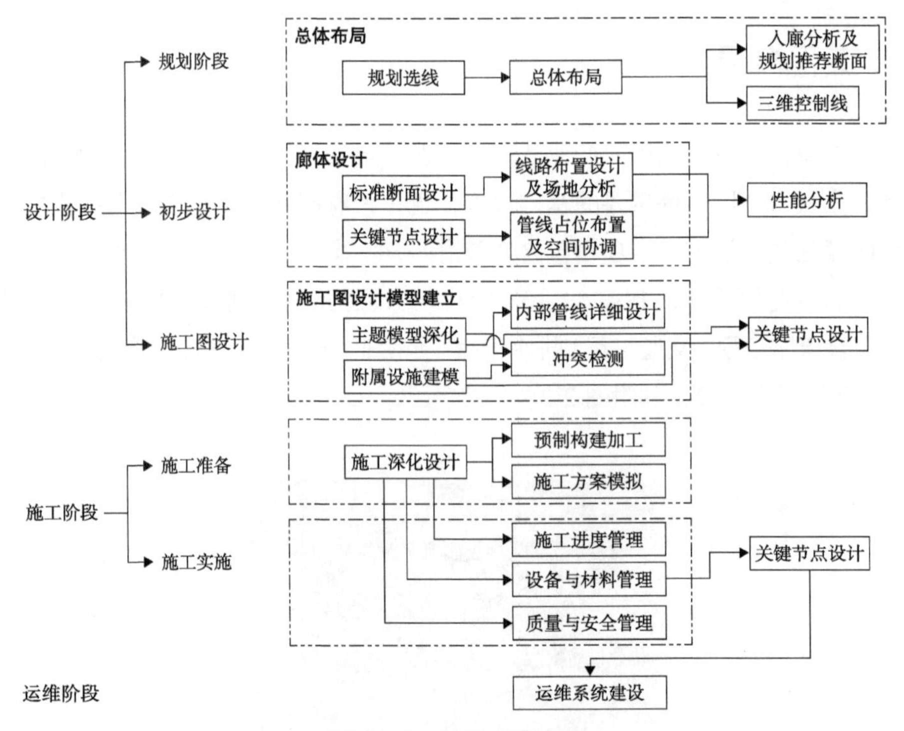

附图 2-3　BIM 实施流程

通过BIM实施流程，梳理项目BIM应用点，建立各方沟通机制，确定模型建立的精度、深度，模型应包括的信息，模型的后续使用等需求，并进行项目应用培训。

设计人员首先从Google Earth中导出三维地形，利用三维地形进行现状环境分析及方案设计，为项目的规划布局决策提供数据及快速可视化支持。选定方案后，设计人员将方案模型中的重要信息导入到AutoCAD和revit平台中，在方案模型的基础上进行深化设计，形成设计模型。通过设计模型可以实现精细化设计、性能化分析、工程量计算等功能。

设计模型完成后，将其移交到下一阶段。施工单位在设计模型的基础上继续进行深化，使模型能够达到施工管理的要求。在这一阶段，施工单位通过模型进行施工方案模拟、设备材料管理、质量安全管理等，并通过模型进行方案预演，提高施工管理的效率以及施工现场人员的安全应急能力，降低事故发生率。

施工完成后，由施工单位完善模型，形成竣工模型，保证施工后交付的管廊与模型保持一致，方便后期的运维管理。在运维阶段，将模型与运维平台结合起来，通过模型实现监控开启、设备维护等功能，使运维变得更加直观方便，降低了维护成本，使运维变得更加直观高效。

4. 应用点

4.1　规划方案比选（附图 2-4）

传统方案比选方式受制于二维CAD图面，需要依靠强大的专业知识才能解读空间感，不能直观地展示出设计意图，不利于对业主的沟通汇报。而模型具有所见即所得的优势，并且可以360°的旋转浏览综合管廊信息模型。凭借三维多视角的模型优势，可以浏览到模型的各个角落，更加充分地表达出设计意图，减少设计方与业主的想象落差。在与业主沟通时，可以在现场及时地修改方案，提高各方的沟通效率。

4.2　专业综合（附图 2-5）

通过综合管廊信息模型对设计图纸进行校核和深化，对各专业图纸进行碰撞审核，并对各专业图纸的错漏碰缺、信息不全、表达不清晰、无施工可行性、违反规范标准做法等问题进行审查。同时通过整合各专业模型，对现有图纸情况进行三维全方位展现，生成全专业碰撞检查报告，并由专业人员针对碰撞情况进行合理的分析建议，并依据建议内容结合实施现状，对模型进行深化，提前解决碰撞问题，提出优化成果，指导现场施工。

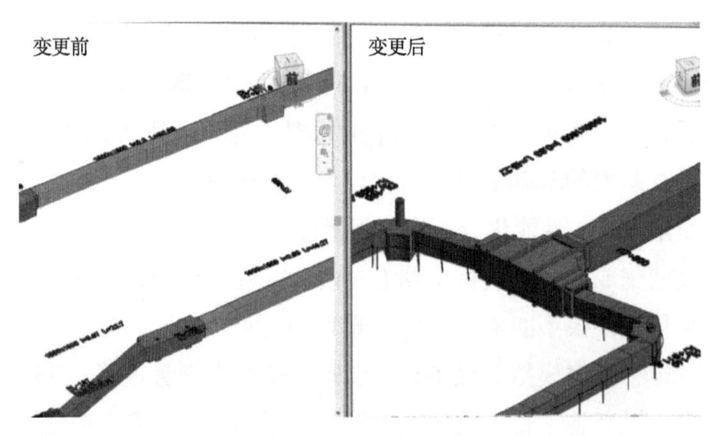

附图 2-4 方案比选

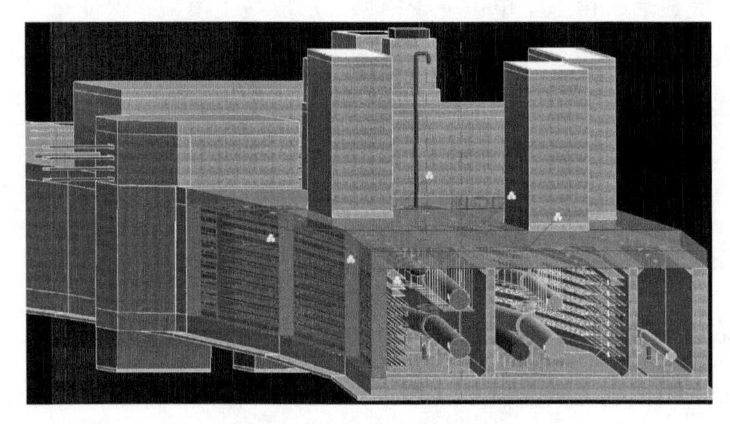

附图 2-5 各专业综合模型

4.3 模拟分析

设计过程是一个不断面临各种方案抉择的过程，而模拟分析能直观模拟出设计方案是否可行。在城市综合管廊设计过程中，主要针对吊装口和逃生口的设计进行吊装方案模拟和逃生口疏散模拟。

在模型创建完成后，将模型与逃生仿真模拟相结合进行逃生模拟分析，对仿真结果进行数据分析，对新建管廊提出切实可行的意见。确定现有的管廊设计方案是否存在安全隐患，在突发事件时，舱内人员是否能够及时安全逃生。

吊装口用来将大型设备放入管廊中。通过对吊装口进行设备吊装的模拟

分析，验证是否满足综合管廊内部大型设备的运输安装和后期更换的要求。同时还对结构预留进行校核和检查，对不满足要求的地方进行修改和更新。通过孔洞的自动生成和检查，提交准确的孔洞预留预埋资料，可以在设计阶段解决孔洞缺失、错位、尺寸大小不一致等问题（附图 2-6）。

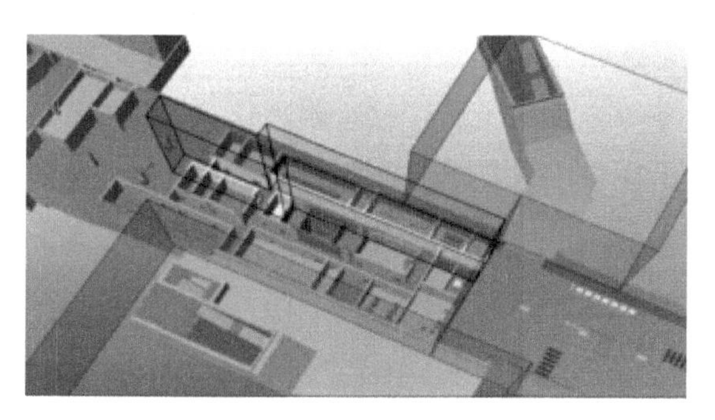

附图 2-6　设备通道检查

4.4　辅助出图（附图 2-7）

综合管廊总体是一个线性工程，坡度经常是在变化的，而管廊上的节点又是与路面垂直的，这就造成节点与管廊的标准段之间的夹角并不是 90°，而是随坡度变化的。在传统 CAD 设计中，由于坡度的多变性，在管廊出图时节点是按照垂直于管廊标准段出图的，这样可以极大地减轻设计工作量，但是造成了施工量单统计的不准确。利用信息模型技术可以有效地解决这一问题，将模型正确建模后，可以从任意角度对模型进行剖切出图，达到一次建模，无数次出图的作用，既实现了量单统计的准确性，又减轻了设计人员出图的工作量。

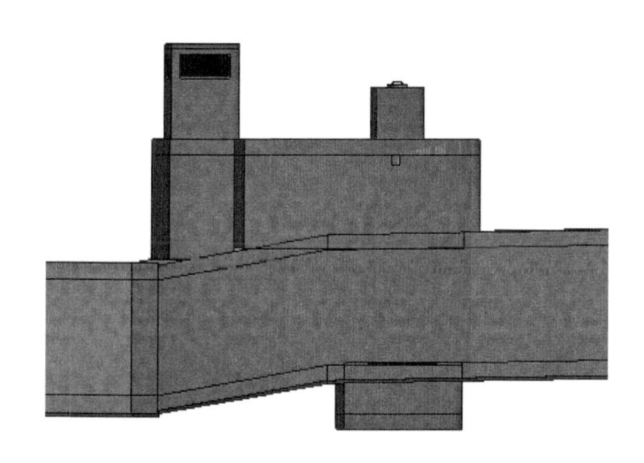

附图 2-7　利用模型竖直节点辅助出图

4.5　施工组织模拟

1. 总体施工工艺模拟（附图 2–8）

在 WBS 关联构件的基础上，将施工进度计划整合进模型，形成 4D 施工模型，模拟项目整体施工工艺安排，检查主要施工步骤衔接的合理性。特别是在局部重要、复杂的关键节点施工区域，根据施工方案的文件和资料，在技术、管理、设备等方面定义施工过程附加信息并添加到施工作业模型中，构建施工过程演示模型。结合施工方案进行精细化施工模拟，检查施工方案可行性，也可用于与施工部门、相关专业分包协调施工方案，实现施工方案的可视化交底。

附图 2–8　施工工艺模拟

2. 管线迁改及道路翻交模拟（附图 2–9）

创建工程施工范围内的市政管线、道路及影响工程实施的周边环境模型，分阶段模拟管线迁改、道路翻交，检查方案可行性。利用模型的可视化、可模拟、精确性等特点，实现管线迁改及道路翻交方案的优化和模拟。

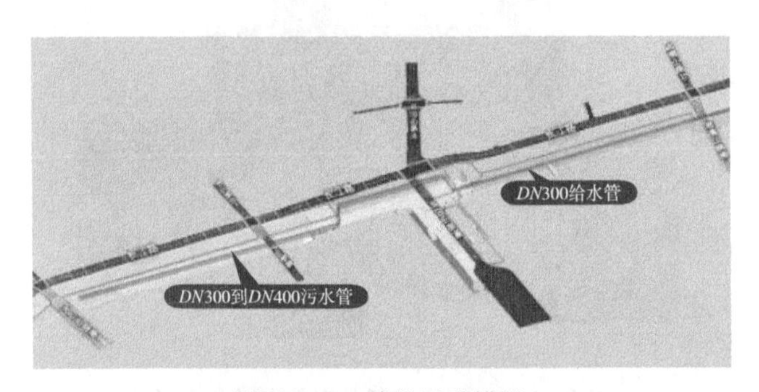

附图 2–9　管线迁改模拟

4.6　进度管理

通过协同管理平台，在 WBS 关联构件的基础上，将施工进度计划整合进模型，形成 4D 施工模型，模拟项目整体施工进度安排，检查进度计划合理性。

每日根据现场施工情况进行调整，并且实时上传每日的实景照片，辅助项目施工的进度管理。可提供工程进度的分析管理，包括进度查询、偏差分析、关键路径分析、进度追踪、进度资料管理等功能。

1. 进度查询

通过协同管理平台中的斑马进度，编制双代号网络图（附图 2-10），通过关键线路来检视工期是否滞后，确保计划可执行、易落地。

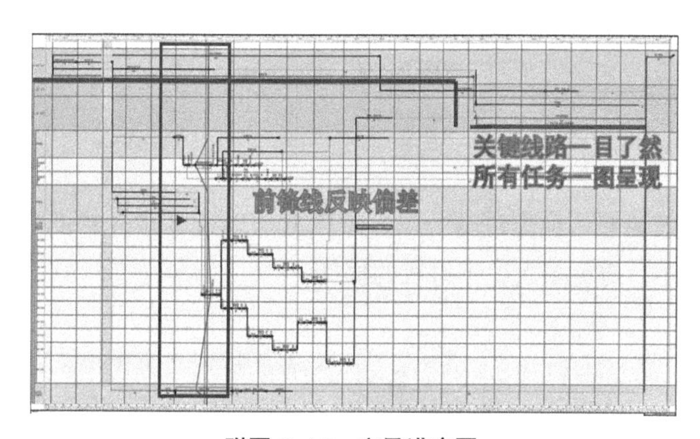

附图 2-10　斑马进度图

2. 偏差分析

通过现场录入某工作包（构件）的实际进度（一般指开始时间和结束时间），系统自动将其与相应的计划进度进行对比分析，以曲线图形式向用户展示预期与实际产值的对比。结合 4D 虚拟建造，可以看到实际产值偏差的动态变化，有助于用户及时采取纠偏措施。

3. 进度追踪

对现场实际进度进行管理，用户上传工作包（构件）的实际进度信息（包括开始、完成时间），系统读取后进行偏差分析和统计报表输出。用户可以在移动端实时上传进度信息并采集图片资料。

4. 资料管理（附图 2-11）

用于对施工过程中与进度相关的所有文件资料的归档管理，用户可以通过 PC 端或移动端随时随地进行上传、编辑、查看、处理等操作，将资料与构件进行关联，可查询到对应构件的进度信息。

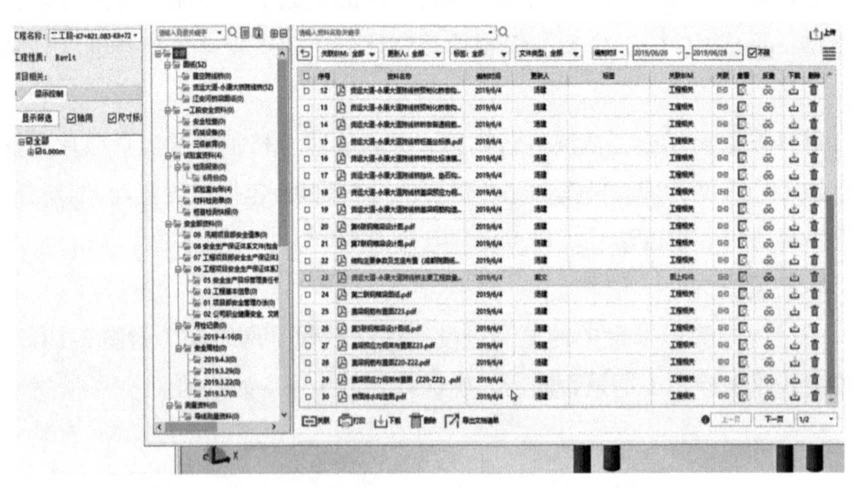

附图 2-11　资料管理

4.7　工程量管理（附图 2-12）

把各专业建好的模型进行合模，可以有效地查看并且修正模型，节省材料，节约成本，避免多次返工造成的损耗。

族与类型	标高	周长（毫米）	体积（立方米）	面积（平方米）
楼板：常规 - 1200mm	449.000 标高	74400	245.22	204.35
楼板：常规 - 1200mm	450.300 标高	75500	421.84	351.53
楼板：常规 - 2200mm	450.300 标高	38000	80.78	36.72
楼板：常规 - 1200mm	450.300 标高	45100	134.53	112.11
楼板：常规 - 1200mm	451.800 标高	559800	10830.18	9025.15
楼板：常规 - 1200mm	451.800 标高	59400	107.30	89.42
楼板：常规 - 600mm	451.800 标高	63971	138.26	230.44
楼板：常规 - 100mm	451.800 标高	64771	23.69	236.87
楼板：[illegible]	453.200 标高	11800	1.68	8.40
楼板：常规 - 1200mm	453.300 标高	445310	7200.31	6000.26
楼板：常规 - 1200mm	453.300 标高	61750	147.63	123.02
楼板：常规 - 1200mm	453.500 标高	63200	151.72	126.43
楼板：常规 - 1200mm	453.500 标高	27160	55.32	46.10
楼板：常规 - 100mm	453.500 标高	477344	15.35	153.49
楼板：常规 - 200mm	454.100 标高	67720	39.54	197.70
楼板：常规 - 300mm	454.100 标高	11800	1.98	6.60
楼板：常规 - 300mm	454.100 标高	65200	37.58	125.28
楼板：常规 - 1200mm	454.100 标高	284500	2748.15	2290.12
楼板：常规 - 600mm	454.100 标高	1501916	3841.27	6402.11
楼板：常规 - 300mm	454.100 标高	60700	32.71	109.04
楼板：常规 - 2300mm	454.100 标高	97800	566.35	246.24
楼板：常规 - 200mm	454.100 标高	72300	39.74	198.72

附图 2-12　工程量清单

支持在项目上手工输入工程量各种统计分类的总数量，在 WBS 任务包上手工输入相关的工程量统计分类的完成数量，系统根据实际进度数据可自

动在项目总览中分类汇总统计工程量的完成情况。

支持模型工程量静态数据查询、数字类型的构件属性统计和导出 excel 支持施工材料信息导入（excel 格式）。

4.8　安全管理

通过协同管理平台，在三维模型中提前发现安全防范重点部位并标注，进行救援疏散模拟，指导现场安全管理。即时上传图片资料，第一时间了解现场安全隐患并采取措施。接入现场视频监控，并对监控视频进行管理。

信息模型技术的可视化特点改变了传统安全技术交底的方式，更能准确地反映出各项施工要求。

1. 危险源辨识与标记

将施工现场所有的生产要素、生成构件等都绘制在主体施工模型中。在此基础上，采用信息模型技术通过采用安全分析软件基于模型对施工过程中的危险源进行辨识、分析和评价，快速找出现场存在的危险源施工点并且进行标识与统计，同时输出安全分析报告。基于安全分析报告进行安全模型创建与优化，制定安全施工解决方案。最终通过安全模型及安全施工方案进行现场安全施工管理。

2. 现场安全检查

安全员进行现场安全检查。对照模型进行危险源检查，发现安全问题通过利用移动端拍照、录音和文字记录与模型 WBS 相关联，并上传至管控平台，安全总监理工程师在管控平台上做出批示。在施工时，安全员根据批示，找到指定模型位置，在现场指挥整改，并将整改情况再次上传至管控平台，实现安全问题的过程控制（附图 2-13）。

附图 2-13　扫描二维码查询记录现场情况

4.9 智能监控

综合管廊建设在城市地下空间，不同于地表的明敷，其工作运行的环境相对比较恶劣，但综合管廊对于城市的基本生活保障及安全运行又是极其重要的，因此，能够及时监察了解到综合管廊内的环境及各管线的运行情况是管廊后期运维管理的重中之重。

通过信息模型技术的应用，把地下管廊所有建筑物及管线的信息完全数字化，生成信息模型。同时应用物联网技术通过预先布置好的传感器将廊内各种管线的运行数据收集起来，生成动态监测数据。将信息模型与动态监测数据结合在一起，建立能够实时更新储存地下管廊的综合数据库。对廊内各个部位实时监测，提高运维管理效率，降低维修人员入廊的风险。

当管线运行出现故障时，物联网传感器会根据故障现象，自动显示出故障管线位置、维修路径及相关维修的信息（维修人员的联系电话、维修解决方案等），这不仅加快了故障排除的响应时间，避免了因故障排除不及时而导致的更大安全事故，还大大降低了管廊后期运维成本，提高了运维效率（附图 2-14）。

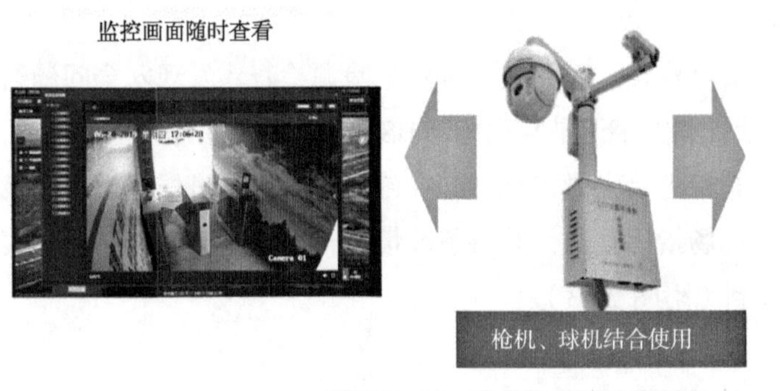

附图 2-14 平台与监控结合起来